携帯・デジカメ天体撮影

誰でも写せる星の写真

谷川正夫

まえがき

　本書は，初めて星空にカメラを向ける人のための本です．私が天体写真に興味をもったのは小学校高学年の頃，それくらいの子どもたちから，シルバー世代に至るまで，天体撮影は年齢に関係なく楽しめる趣味だと思います．そして，天体写真はデジタルカメラの時代になって，フィルムによる撮影よりはるかに手軽になりました．是非，本書とお手持ちのカメラで天体写真に挑戦してみて下さい．また，天体写真を撮ったことがない方はもちろん，ちょっとやってみたけどうまくいかなかったという方も，本書をご覧頂けばいろいろな天体撮影の方法が理解でき，今までわからなかった疑問が解けるかも，そんなことを願っています．

　私が小学6年生の頃，星座のガイドブックで見たアンドロメダ大銀河の写真．無数の星が集まった渦巻き構造，そのカッコイイ姿にビリビリッと来ました．当時の私には，230万光年という距離や何千億個の星で構成されているというような天文学的なことには関心がありませんでした．今思えば，想像もつかない現実離れした数字に興味も湧かなかったのでしょう．ただ，ナナメの角度から見たアンドロメダ大銀河の雄姿に見惚れてしまったのです．そして，その写真を見て自分でも撮りたいと思ったのです．それが天体写真にのめり込む最初のきっかけとなりました．

　そして中学生になり，親にねだってペンタックスの一眼レフカメラを買ってもらいました．交換レンズはお年玉を貯めて買い足していきました．その頃のカメラはこのデジタル時代になってさすがに現役を退いてしまいましたが，レンズの方はまだまだバリバリ活躍しています．また，天体写真のフィルム現像やプリントは写真屋さんまかせにできない，と自分で始めました．夏には近所の広場でさそり座を，秋には裏山のてっぺんでカシオペヤ座などを撮りました．そして安価な6センチ屈折望遠鏡で月の満ち欠けの拡大撮影をまとめて夏休みの宿題としたこともありました．

　しかし，中学生という立場では，夜の撮影や観望には限界がありました．いつの頃からか星の撮影よりスナップ写真や鳥や昆虫の写真に興味が向くようになったの

です．でも，胸の奥にしまってあったアンドロメダ大銀河を撮るという夢は持ち続けていました．そしてやっと，就職してから自分で稼いだお金でハイアマチュア向け天体望遠鏡を購入，天体写真に熱中していったのです．もちろん念願のアンドロメダ大銀河やその他の星雲星団の写真もゲットしました．

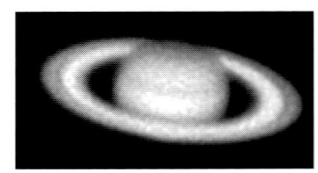

　天体写真の面白さはいくつものジャンルがあることです．星と風景，星座，流星，彗星，星雲星団，月，惑星，太陽，日食，月食……．数え上げたらいくつも出てきます．どれかひとつだけに集中している人もいれば，これらのほとんどに手をつけている私のような者もいます．ですから，外出するときにはカメラを持ち歩くようにしています．今は手ぶらのように見えてもカメラ付携帯電話がポケットに入っていますし，そのとき持っているカメラで撮れる範囲で撮影をしたり，天体望遠鏡など機材一式を車に積み込んで山奥へ遠征したりして楽しんでいます．

　旅先で美しい風景を見たとき，その感動の記録をカメラで残したいと思うように，美しい星空に出会ったときにその情景をカメラで撮影できたらと思ったことはないでしょうか．実際にカメラを星空に向けた方，ポケットやバッグからカメラ付携帯電話を取り出して，シャッターを押してみた方も多いでしょう．しかし，撮影結果はどうだったでしょうか？　真っ暗で何も写っていないとか，月を撮ったのに点にしか写っていないとか……．そんなガッカリな結末を経験した方も少なくないでしょう．それで，星や月の撮影は無理なものと結論付けてしまった……と．

　確かに天体は，昼間の風景や人物の撮影に比べて特殊な撮影対象です．天体は通常，夜間見えるものですから，その特殊性は，光が十分にない世界を捉えようとしているところにあります．天体写真は通常の撮影と違います．撮影手順をマスターし，コツをつかまないと思い通りに撮影できません．

　残照の夕方や薄明の朝に輝く月や明るい星は，フルオートのコンパクトデジタルカメラで写すことができます．しかし，夜が更けて漆黒の闇に包まれてしまったら，カメラを構えてシャッターを押すというだけでは，星空の記録を残すことができない場合がほとんどです．その時間帯からが，天体撮影が一般撮影とは違う領域に入っていくところなのです．でも諦めないで下さい．微弱な天体の光もカメラは写しとめることができるのです．

まえがき

　また，天体と一口に言っても，先述のように月，惑星，星雲星団などいろいろあります．月ひとつをとっても月のある風景から月の拡大，クレーターの詳細を狙うなど撮影対象はさまざまです．あなたが撮りたい対象はなんでしょうか？　カメラ三脚が必要だったり，望遠鏡がないと撮れない対象もあります．風景とともに月や星座を撮るのでしたらカメラ三脚だけでいいですし，月のクレーターや惑星を撮りたい場合には望遠鏡で拡大しないといけません．

　もし，天体望遠鏡やバードウオッチング用のフィールドスコープをお持ちでしたら，早速月の拡大撮影に挑戦してみましょう．コンパクトデジタルカメラを使えば，初めて挑戦する方でも驚くほどの手軽さで撮影できます．カメラ付携帯電話でもできるんですよ！　月の表面のデコボコ（クレーター）が鮮明に写って感動モノです．望遠鏡を持っていなくても，公開天文台やプラネタリウムなどで観望会が開催されていたら，出かけてみましょう．月や惑星を見ていたら，ちょっと撮らせていただけるようお願いしてみましょう．カメラ付携帯電話やコンパクトデジタルカメラでの月や惑星の拡大撮影は，カメラのレンズを望遠鏡の接眼レンズに覗かせてシャッターボタンを押すだけという単純な操作で行なえます．本書を読んでそのポイントをおさえていればスムーズにできますよ．

　星座や天の川を撮りたい場合には，長時間露出（数十秒以上シャッターを開けること）をかけなければなりません．エントリーモデルのコンパクトデジカメでは，ちょっと力不足です．長時間露出のできない機種がほとんどだからです．そこで，長時間露出のできるデジタル一眼レフが欲しくなってくるのです．きちんと星空を撮影するならデジタル一眼レフでなければならないと言っても過言ではありません．

　しかし逆に，望遠鏡を使った月の拡大撮影はコンパクトデジカメの方が圧倒的に簡単で手軽です．もちろん，デジタル一眼レフを使った本格的な拡大撮影には画質の点でかないませんが，手軽さで比較すればコンパクトデジカメの拡大撮影におけるパフォーマンスは多大なものがあります．

　このように，天体の中でも撮影対象はさまざま，カメラもさまざま，三脚や望遠鏡などの機材の他に，リモコンやフードなどのアクセサリーを使う場合もあります．初めて天体写真を志す方にとっては，わからないことだらけだと思います．本書はそんな方々にわかりやすく解説することを目指しました．

　写真は目で見た印象をそのまま忠実に写し止められるとは限りません．特に天体写真ではその傾向が顕著です．夜景と星空，地上の風景と月の輝きなど，目で見た印象以上に実際には大きな輝度の開きがあり，その明暗差を写真ではまだまだ表現しきれません．また，空の色も赤っぽかったり，青っぽかったり，光源やホワイト

バランスによって変わってしまう場合があります。カメラもかなり進歩を続けていますが、まだ人間の目の優秀さに追いついていないのです。撮った写真が見た目と違っていて残念に思うこともあるでしょう。そのような現状をふまえて、どうしたら自分が感じたままに近い表現ができるか、思考錯誤することも楽しい過程のひとつでしょう。

　ちょっと難しい話になりましたが、天体写真を撮っていくとそのつど新しい疑問やもっと良くできないかといった向上心も沸いてくるでしょう。あるいは、目で見ることのできない大変暗い天体を、天文台が撮影した写真のように撮ってみたいと思っている方もいらっしゃると思います。そのようなときのヒントになるような説明や、更なるステップアップの情報も載せました。

　星座の形は世界のどこへ行っても変わりません。しかし、地球の北から南へ緯度が変われば星座の見え方が変わります。自分の住んでいる街からは見えない星座もあります。南半球へ行けば日本では冬の星座が暑い夏に見られます。所が変われば、空の透明感や空気感も変わります。海外へ行かなくても、山へ行ったり海辺へ行ったり、同じ星座なのにその場の雰囲気でまた違った星座に見えるから不思議です。美しい星空に出会ったとき、その情景は必ず素晴らしい思い出となります。その心象風景のイメージをそのまま写真にできたら楽しいですね。

　星座を撮っていると星座を覚えることだけでなく神話を読みたくなったり、惑星、例えば木星を撮っていると木星について興味が増したり、星雲星団を撮っていると宇宙の成り立ちについて知りたくなったり……。天体写真撮影から、このような興味の連鎖が派生するように思います。実際に、私はそうです。天体を撮影するという行為は、天文について（その理解度は別にして）、知的好奇心を旺盛にしてくれ、心を豊かにしてくれる、そんな効果があるのではないでしょうか。

CONTENTS 目次

まえがき 3

■旅先で気軽に星を撮ろう〈作例〉 9

■旅先で気軽に星を撮ろう
- 旅先にはいろいろな星空が待っている 18
  - 旅で出会った風景と星空 19
  - 南十字星を撮ろう 22
  - 北へ南へ星座の見え方 26
  - オーロラを撮ろう 32
  - 世界遺産で撮ろう 36
  - 宿から星空撮影のすすめ 38

■あなたのデジカメで星が撮れる？
- いろいろなデジカメといろいろな天体撮影方法 42
  - デジカメのいろいろ 42
  - 天体撮影のいろいろとカメラの向き不向き 44
  - デジカメと撮影天体の対応表 48

■携帯＆コンパクトデジカメで星を撮影しよう〈作例〉 49

■携帯＆コンパクトデジカメで星を撮影しよう
- 星空と風景両方撮る「固定撮影」 58
  - カメラ付携帯で朝夕に輝く月や惑星を撮ろう 58
  - コンパクトデジカメで朝夕に輝く月や惑星を撮ろう 60
  - コンパクトデジカメで星座を撮ろう 63
- 月・惑星のアップを撮る「拡大撮影」 66
  - カメラ付携帯で月・惑星の拡大撮影 68
  - コンパクトデジカメで月・惑星の拡大撮影 72
- 星雲・星団撮影にチャレンジ 78
  - コンパクトデジカメで星雲・星団の撮影 78

■デジタル一眼レフカメラで星を撮影しよう〈作例〉……………… 81

■デジタル一眼レフカメラで星を撮影しよう
・星空と風景両方撮る「固定撮影」　　　　………………………… 98
　デジタル一眼レフで朝夕に輝く月や惑星を撮ろう………………101
　デジタル一眼レフで星座を撮ろう　　　　………………………109
　露出を変えてみよう　　　　　　　　　………………………118
　構図を決めよう　　　　　　　　　　　………………………125
　照明の利用　　　　　　　　　　　　　………………………130
・月・惑星のアップを撮る「拡大撮影」　　………………………132
　デジタル一眼レフで月・惑星の拡大撮影　………………………132
・星空を止めて撮る「追尾撮影」　　　　　………………………138
　デジタル一眼レフで追尾撮影　　　　　　………………………138
・デジタルカメラの基礎知識　　　　　　　………………………141

あとがき　　　　　　　　　　　　　　　　………………………142

〈ワンポイント〉
世界の星座早見　　　　　　　　　　　　………………………… 31
カメラ付携帯アダプターのアイディア　　　………………………… 71
見栄えを左右するシーイング　　　　　　　………………………… 75
ニジミ写真を撮ろう　　　　　　　　　　　………………………122
〈ステップアップ〉
あると便利な三脚ホルダー　　　　　　　　………………………… 59
マニュアルモード付ハイエンドモデルによる星雲・星団……………… 80
長時間露出にはタイマーリモートコントローラ………………………100
RAWで撮ってパソコンで画像調整—キヤノンEOS Kiss X4 ………111
RAWで撮ってパソコンで画像調整—ニコンD5000　…………………115
比較明合成 - 短い露出時間でも星の軌跡を表現できる ………………127
動画から高精細惑星画像 - RegiStax　　　　………………………136
デジカメの赤外改造　　　　　　　　　　　………………………140
画像コンポジット　　　　　　　　　　　　………………………140

旅先で気軽に
星を撮ろう
〈作　　例〉

サトウキビ畑といて座からわし座の天の川
奄美大島にて．固定撮影．キヤノンEOS5D MarkⅡ．
シグマ24mmF1.8→F2.8．20秒露出．
ISO1600．RAW．2009年9月22日20時00分．

おわら風の盆と月・木星
富山市八尾町にて．
手持ち撮影．
キヤノンEOS5D MarkⅡ．
シグマ24mmF1.8開放．
1/10秒露出．ISO3200．JPG．
2009年9月1日22時06分．

入道雲とさそり座付近の天の川
サイパン島にて．固定撮影．キヤノンEOS5D MarkⅡ．シグマ24mmF1.8→F2.8．
16秒露出．ISO3200．RAW．2009年6月25日21時52分（現地時間）．

輪島白米千枚田
石川県輪島市にて．
キヤノンEOS Kiss Digital N．
キヤノンEF-S18-55mmF3.5-5.6→18mmF3.5．100秒露出．
ISO800．RAW．
2005年4月30日21時51分．

黄道光・金星・冬の天の川
ハワイ・マウイ島ハレアカラ山頂にて．固定撮影．キヤノンEOS Kiss Digital赤外改造．
シグマ8mmF4．5分露出．ISO400．RAW．2007年3月18日19時48分（現地時間）．

黄昏時の月
インドネシア・バリ島
レギャンビーチにて．
手持ち撮影．
キヤノンEOS5D MarkⅡ．シグマ
28-200mmF3.5-5.6→28mmF3.5．
1/8秒露出．ISO800．JPG．
2009年3月2日18時53分（現地時間）．月齢5なのに南半球のバリ島（南緯8°）では月の右側が欠けて見え，違和感があります．

椰子の木と夏の天の川
モルディブ・ビヤドゥ島にて．ポータブル赤道儀による追尾撮影．キヤノンEOS Kiss Digital N．シグマ8mmF4．5分露出．ISO400．RAW．2006年7月24日22時34分（現地時間）．

[南十字星を撮ろう]

ケンタウルス座α・β星と南十字星
石垣島にて．固定撮影．キヤノンEOS Kiss Digital．ペンタックスSMCタクマー55mmF1.8→F2.8．
15秒露出．ISO400．RAW．2004年5月30日21時27分．

ケンタウルス座α・β星と南十字星
サイパン島にて．固定撮影．キヤノンEOS 5D MarkⅡ．シグマ28-200mmF3.5-5.6．9秒露出．
ISO3200．RAW．2009年6月26日19時48分（現地時間）．

［オーロラを撮ろう］

オーロラ
カナダ・イエローナイフにて．固定撮影．キヤノンEOS 5D MarkⅡ．シグマ24mmF1.8→F2．2.5秒露出．ISO6400．JPG．2010年9月7日02時02分（現地時間）．筋状構造が良くわかります．

湖面に映るオーロラ
カナダ・イエローナイフにて．固定撮影．キヤノンEOS Kiss X4．キヤノンEF-S18-55mmF3.5-5.6IS→18mmF3.5．15秒露出．ISO1600．JPG．2010年9月6日00時31分（現地時間）．

[世界遺産で撮ろう]

チェスキー・クルムロフ城とおおぐま座
チェコ・チェスキー・クルムロフ旧市街にて．固定撮影．キヤノンEOS Kiss Digital N．シグマ17-70mmF2.8-4.5→17mmF4．2秒・10秒露出．ISO400．RAW．2008年7月7日22時50分（現地時間）．
星が写る10秒露出ではライトアップされたお城が白く飛んでしまうので、2秒露出とのハイダイナミックレンジ処理をしています．

夕暮れの月・木星
富山県五箇山・相倉合掌造り集落にて．固定撮影．キヤノンEOS Kiss X4．キヤノンEF-S18-55mmF3.5-5.6IS→18mmF3.5．1秒露出．ISO800．RAW．2010年10月18日17時46分．

[宿から星空撮影]

カキ養殖の筏とカシオペヤ座
三重県鳥羽・生浦湾に面したホテルの窓から．固定撮影．キヤノンEOS Kiss Digital N．キヤノンEF-S18-55mmF3.5-5.6→18mmF3.5．138秒露出．ISO400．RAW．2005年12月27日00時05分．

南アルプスから昇るオリオン
長野県駒ヶ根市・早太郎温泉郷にあるホテルの窓から．固定撮影．キヤノンEOS Kiss Digital．シグマ17-70mmF2.8-4.5→21mmF4．31秒露出．ISO400．RAW．2006年12月29日17時38分．

旅先で気軽に
星を撮ろう

旅先にはいろいろな星空が待っている

　日常から離れて旅に出ると普段見たことのない景色に出会います．それが心打たれる美しい自然の風景であったり，都会の真っ只中にある人工の造形美であったりすることもあるでしょう．そのような時，カメラを取り出して撮影しようとする人は少なくないのではないでしょうか．今ではコンパクトデジタルカメラやカメラ付携帯電話もありますので，気軽に記録ができます．スケッチができるような絵心があると，もっと旅が楽しくなるようにも思います．

　このような心に響く風景と同じように，旅先では美しい星空に出会うことがあります．しかも，毎日の生活と違った風景とともに星空を撮影できれば最高の思い出になることでしょう．星空と一口にいっても，三日月や満月のある星空，金星など明るい惑星の輝く夕焼けの空，天の川流れる漆黒の空などいろいろあります．そのような星空と名勝とを組み合わせることができたら素敵ではありませんか．

　また，国土が南北に長い日本では，北の北海道と南の沖縄では星空の見え方が変わります．北海道の札幌と沖縄の那覇では星の高さが17度も違うのです．たとえばオリオン座が南に昇った時の高さを札幌や那覇で見比べるとかなりの高低差があり，普段星空を見慣れている方はその違いに驚かされることでしょう．

　海外へ出て南の方へ行けば，日本からは見えない星座を見ることもできます．南十字星は沖縄でも水平線スレスレで見えますが，その代表でしょう．これは，地球から見える星空は同じなのですが，星を見ている場所の緯度が変わることで，星座の見える位置が変わるからです．

　世界にはそこの土地の風土とともにいろいろな星空があります．オーロラの舞う星空もあります．旅行に行ったら是非，星空もカメラに収めてみましょう．

富山県五箇山・相倉合掌造り集落にて

旅で出会った風景と星空

　オーストラリアなど南半球へ旅行すると，そこには日本とはまるで違った星空が広がります．いて座付近の天の川の最も濃い部分は，日本では比較的南の低い位置に見えますが，オーストラリアでは，ほぼ頭のてっぺんにまで昇ります．乳白色に輝く天の川が天を横切る姿は圧巻です．そして，南十字星はオーストラリアの南の端やニュージーランドまで行くと季節に関係なく一晩中沈むことなく見ることができます．

南半球の天の川．
オーストラリア・クーナバラブラン

　また，オーストラリアは熱帯性気候に属する北部を除いて空気は乾燥していて，晴れた昼間の空は抜けるように青く，そのような夜は，都会地から離れていれば，素晴らしくコントラストの良い星空となります．月がない夜であればもちろん，月があっても半月より欠けていれば十分天の川を見ることができます．このような星空を気軽に日本国内で見ることは難しくなりました．ですから，オーストラリアやニュージーランドの星空を一度見てしまうと，遠い場所にも関わらずまた見に行きたくなってしまいます．そして，病みつきとなり何度でも足を運ぶ人たちがたくさんいます．

南十字星とその付近の天の川．
オーストラリア・クーナバラブラン

南十字星は赤道を越えた南半球や赤道付近の地域で見ることができるのはご存知のことと思います．ただ，南の島と南十字星はイメージとしてピッタリですが，グアム，サイパンやハワイなど緯度が北に上がってくると，このような地域では南十字星が南の空に最も昇った時の高さ（南中高度といいます）はそれほど高くありません．したがって，行けばいつでも見られるものでもないのです．その他の星座と同じように見ることのできる時期が限定される対象なのです．

　所変わって，ヨーロッパには，教会や城など歴史的建造物がたくさんあります．星空をバックに世界遺産に登録されている有名な建築物や風景を撮影できたら面白いですね．ただ，これは致し方ないことなのですが，世界中に数ある遺構などには夜間の立ち入りができない場所もあり，残念なところではあります．

　峰に雪を頂く山と星空は格好の撮影対象となります．山岳天体写真というジャンルがあるほど山と星はよくマッチします．街明かりから遠く離れ，標高の極めて高い場所から星空を眺めるのですからこの上なく美しい景観であることは当然のことですが，写真とともに登山の経験も必要となります．ただ，登山には体力が必要ですし危険も伴いますので，万人ができることではありません．そこで，登山をしなくても車で山々を見渡せる絶景ポイントに行くというやり方もあります．場所によってはロープウェイやバスで上がって山のロッジで1泊というのも方法です．健脚に自信のない方は，そのようなアプローチの仕方もありますね．

世界遺産ブダペスト王宮と木星．ハンガリー

木曽御嶽山に沈むオリオン座とシリウス．
長野県開田高原

富士山に昇る夜明けの月．
静岡県富士宮市

富士山のような姿の美しい孤峰なら麓からシルエットを狙う方法もいいですね。山に登ってしまいますとその山の姿が見づらくなってしまいますから、登るのではなく山全体を見渡せる場所から撮影します。

場所が変われば、空の透明感が変わります。これは季節や天候にもよるのですが、そこの地域性が大きく関わっている場合がほとんどです。先述のオーストラリアのように乾燥していて澄んだ非常に透明度の良い空もあれば、乾燥していても、砂漠に近いような土地では空気中に砂埃も多く、街明かりがあると白んだ星空となります。街から離れれば、空気中の塵や埃による街明かりの反射がなくなり、満天の星空が望めます。南の島では、湿度は高いものの街明かりを避ければ暗い星空です。しかし、雲が湧くことが多く一晩中快晴というケースは稀です。

国内では日本海側と太平洋側それぞれの地域的要因と季節により天候が変わりますが、太平洋側の晩秋から冬が晴れの日が多く乾燥もしているために美しい星空が見られる可能性が高いです。逆に、夏は湿度が高く晴天率も低いため、クリアな星空を期待することは難しくなります。だからといって夏は全くだめというわけではありません。台風一過の夜に透明度の良い星空が広がることもあります。

それでは、南方へ行ったら是非写したい南十字星の探し方、海外での星空の見え方、オーロラの写し方などを解説していきましょう。

椰子の木と天の川．モルディブ・ビヤドゥ島

橋杭岩と昇る火星・すばる．和歌山県串本町

南十字星を撮ろう

南十字星を見つけよう

　南十字星は，誰もが一度は見てみたいと思う大変人気の高い星座です．「みなみじゅうじ座」が正式な星座名で，全天88星座の中で最も小さく，1～3等星の四つの星が十の字に並び意外に小さいですが見つけやすい星座です．西側（右側）には，ニセ十字星と呼ばれる本物の南十字によく似た一回り大きい十字の星の配置がありよく間違われます．本物の南十字星の東側（左側）にはαケンタウリ（ケンタウルス座α星）とβケンタウリ（ケンタウルス座β星）というふたつの1等星が明るく

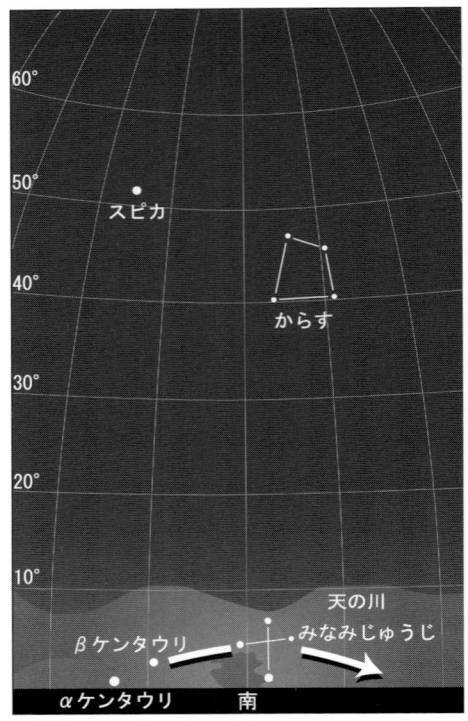

沖縄本島から見た南十字星
（北緯26°）
矢印は南十字星の東から西への動きです．南中高度（南の空に最も高く昇った高さ）は低く南十字星の全体が見えている時間は長くありません．最も長く見えている時で2時間強です．水平線が晴れ渡る好条件に恵まれないと見えません．12月下旬の未明から見え始め，6月上旬の宵の口まで見えます．宵の薄明後から夜半前に見ようということでしたら4月中旬から5月下旬が見頃となります．

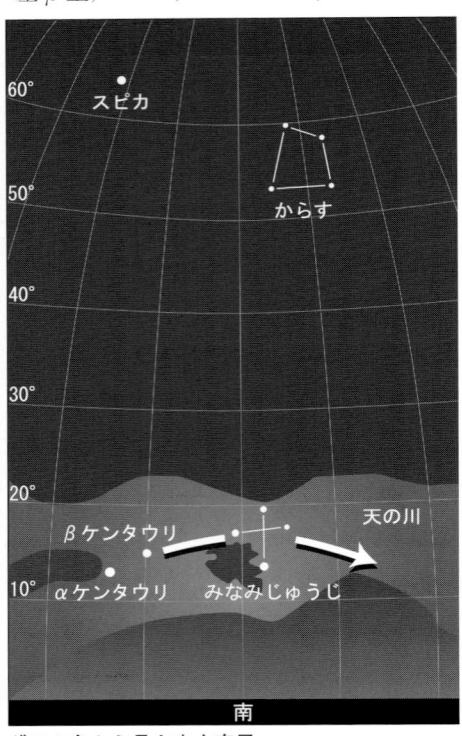

グアム島から見た南十字星
（北緯13°）
南中高度は20°より低くそれほど高く昇りません．ただ，日本国内で見るよりは見やすくなります．北緯20°付近のハワイでは，高度はもっと低くなります．11月下旬の未明から見え始め，7月下旬の宵の口まで見えます．宵の薄明後から夜半前に見ようということでしたら2月下旬から7月中旬が見頃となります．南方向の見晴らしの良い場所で見ましょう．

輝いていて目印になります．

　南十字星は日本からでも小笠原父島や沖縄本島以南で見ることができます．ただし，水平線ギリギリで条件的に厳しいので，石垣島など八重山諸島まで足を伸ばした方が見やすくなります．

　赤道より北に上がる地域ほど見える時期が限られ，4〜5月中が見頃となります．南十字星はからす座を南に下りていったところにありますので，からす座と同じように春の星座といってもいいかもしれません．

　下の星図は5月中旬，現地時間21時30分頃の南の空を表しています．

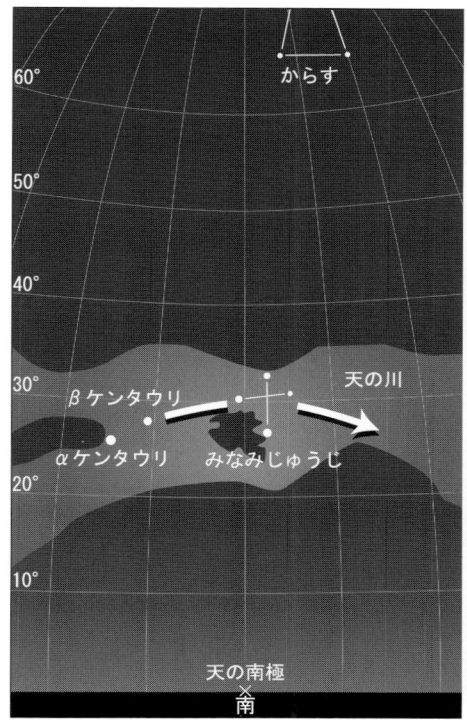

赤道上から見た南十字星
（緯度0°）
南中高度は30°で視線を少し上げるくらいで見やすい高度です．11月上旬の未明から見え始め，8月下旬の宵の口まで見えます．宵の薄明後から夜半前に見ようということでしたら1月下旬から8月中旬が見頃となります．

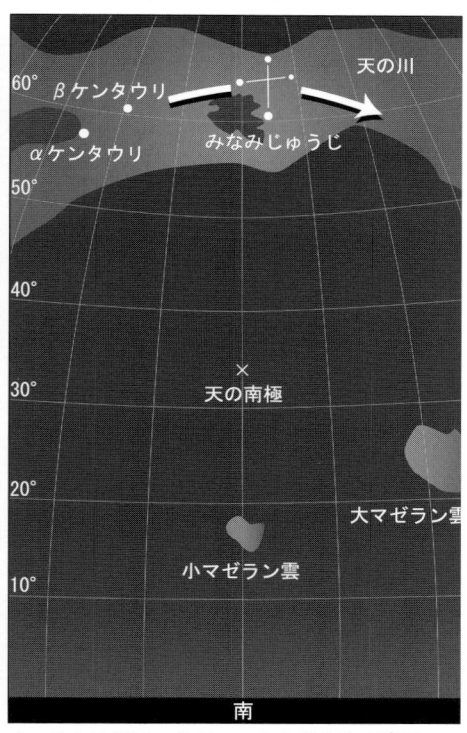

オーストラリア・シドニーから見た南十字星
（南緯34°）
南中高度は60°を超え大きく見上げないといけません．南十字の長い辺を5倍のばすとほぼ天の南極に到達します．南十字星はこの天の南極を中心に回り，シドニーでは地平線下に沈むことがなく1年中見ることができます．天の南極を挟んだ南十字星の反対側には小マゼラン雲が，その西側には大マゼラン雲が見えます．

写真で見る世界各地の南十字星

　オーストラリア，ニュージーランド，ブラジルなど南十字星を国旗に描いた国は数々あります．小さいながらも目立つ星のクロスは，南半球の国々の象徴となっています．

　日本国内では沖縄や小笠原以南へ行かなければ見ることのできない南十字星は，星を見るのが好きな人にとっては憧れの星座です．南十字星を見る機会に恵まれ，撮影ができたならば，旅の思い出としてこの上ないことですね．

北緯24°石垣島で見た南十字星は，水平線スレスレを通過して行きました．南の島の低空には雲があることも多く，この時は南十字星に大きな雲がかかることはなくラッキーでした．
5月30日21時24分に撮影．

北緯15°サイパンでの南十字星は，南中高度15°ほどになります．南が開けた海岸沿いであれば，水平線上に余裕で見ることができますが，木立などがあるとこのように木立スレスレになります．
6月26日19時54分に撮影．

旅先で気軽に星を撮ろう

北緯7°のパラオでは，南十字星の南中高度は20度以上になり，これくらいの高度になると南十字周辺の天の川もハッキリ見えるようになってきます。
3月16日02時39分に撮影．

南緯16°タヒチ・ボラボラ島にて．南中高度は45°にもなり，椰子の木といっしょに南国ムードたっぷりでイメージ通りの南十字星を見ることができました．
3月13日02時頃に撮影．

南緯33°オーストラリア・バサーストでの南十字星．天の南極を中心に回っているのがわかります．南十字星から天の南極を越えて小マゼラン雲，その右下に大マゼラン雲，そしてその右にニセ十字星が写っています．
6月22日23時頃撮影．

北へ南へ星座の見え方

オリオン座の緯度による見え方の違い

　星座の中で最も有名なのがオリオン座でしょう．1等星がふたつと2等星がふたつで構成された長方形の中に2等星の三ツ星が並んでいて大変見つけやすく，凍て付く冬の代表的な星座です．季節を肌で感じながら星座をめぐるのも趣があります．ただ，日本では夜明け前とか宵の口とか時間を問わなければ，5～7月の3ヶ月間を除いて1年で9ヶ月もの間見ることができます．

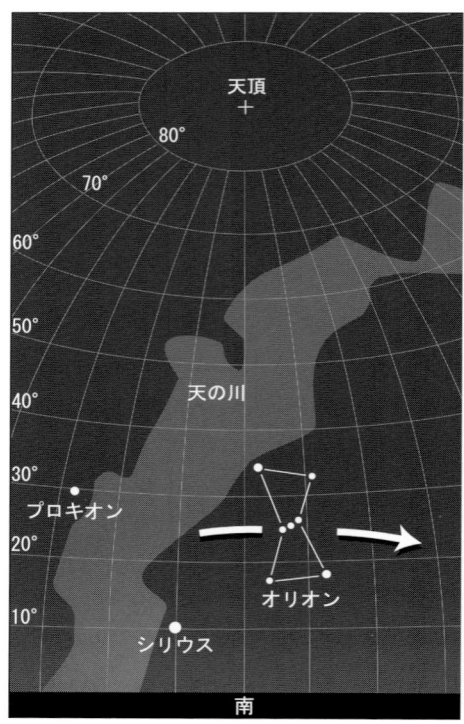

カナダ・イエローナイフから見たオリオン座
（北緯63°）
矢印はオリオン座の東から西への動きです．南中高度は低く，三ツ星のところで25°くらいにしか昇りません．東の空から昇って来る時点ですでに立ち上がっています．そして，立ち上がったまま西の空に沈んで行きます．

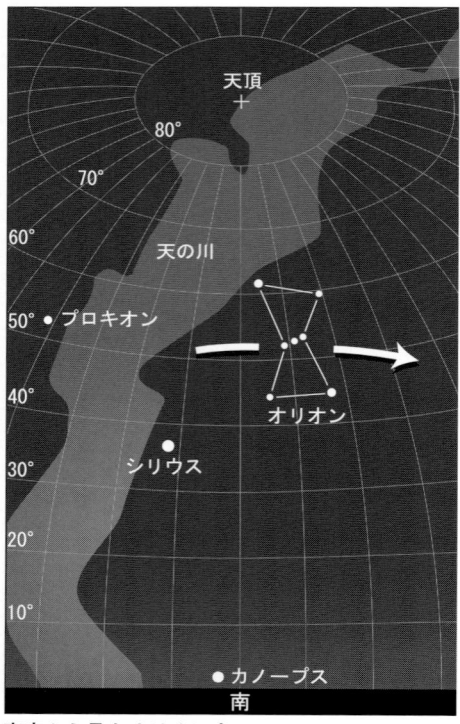

東京から見たオリオン座
（北緯35°）
三ツ星は高度55°くらいに昇ります．見慣れたオリオン座です．南東には全天で一番明るい恒星シリウスが煌々と輝き，プロキオンとともに冬の大三角を形作ります．低空まで晴れていれば，高度2°程のところに，二番目に明るい恒星カノープスを見ることができます．

このオリオン座，北極では上半身，南極では下半身しか見えませんが，地球上のどこへ行ってもその姿を見ることが可能です．その理由は三ツ星が天の赤道付近にあるからです．北から南，行く先々で見える高度が変わり，また違った趣を感じさせてくれます．この感覚は他の星座でも同じです．北半球限定ですが，北極星もそのひとつですね．

　下の星図は2月上旬，現地時間21時頃の南の空（オーストラリアのみ北の空）を表しています．

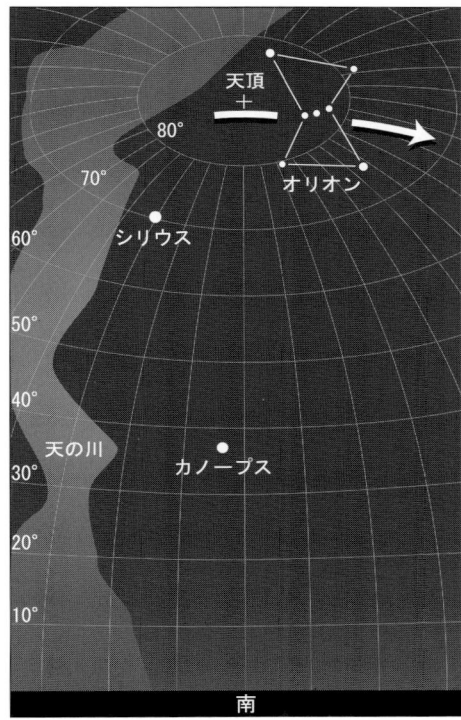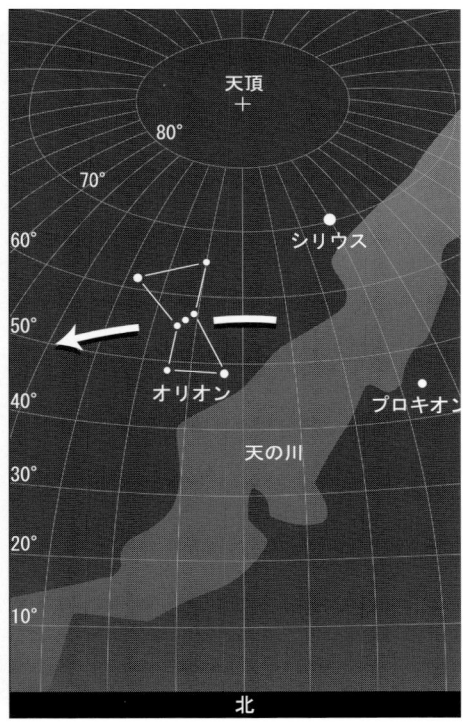

赤道上から見たオリオン座
（緯度0°）
赤道上でのオリオン座は高く昇り，天頂付近を通過して行きます．一見シリウスと間違えてしまいそうな高い位置にカノープスが昇り，日本国内で見るようなありがたみを感じません．

オーストラリア・シドニーから見たオリオン座
（南緯34°）
赤道を越えて南半球まで南下すると，北の方向にオリオン座が見えるようになります．そして，オリオン座は上下が逆さまになり，シリウスはオリオン座より高い位置に昇ります．東から昇って西に沈むのですが，北方向を見ているため左右が逆転し，見慣れた北半球と違って妙な気分になります．

写真で見る世界各地のオリオン座

　明るい星で形成されているオリオン座の周りにはシリウス，プロキオンをはじめとする1等星がたくさん輝いていて，星空の撮影をするには格好の領域です．透明度の良い冴え渡った冬の暗い空であれば，オリオン座の東（左）を流れる天の川も同時に撮影することができます．世界中どこでも見える星座ですから，高度や傾きの違いに注意をして見てみましょう．

北緯63°カナダ・イエローナイフでのオリオン座です．高度は低く，東から西へ歩いていくようです．薄ら明るい雲のようなものはオーロラです．オーロラを待つオーロラキャビンの屋根の上にシリウスがいます．
12月19日00時頃．

北緯35°長野県平谷村にて．地平線近くにカノープスが写っています．カノープスはシリウスに次いで明るい恒星ですので，南の空が開けていて透明度の良い夜であれば見ることができます．
11月25日01時19分．

旅先で気軽に星を撮ろう

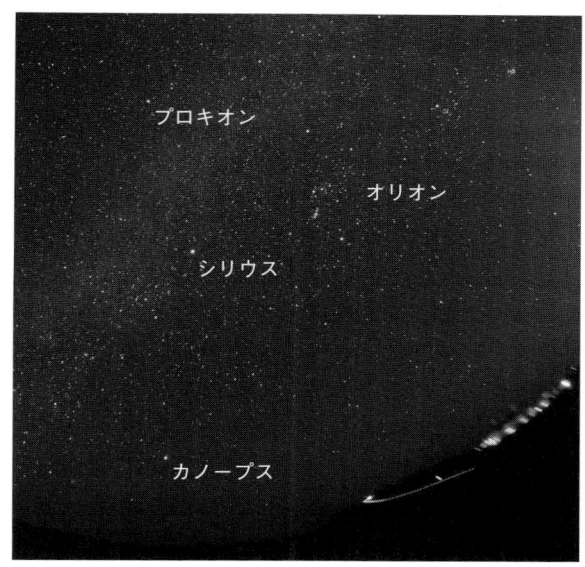

北緯21°ハワイ・マウイ島ハレアカラ山頂にて．オリオン座の高度は高く，日本では見ることの難しいカノープスも楽に見ることができます．標高3055mのハレアカラ山頂には車で行くことができ，ものすごい星空が堪能できます．
3月18日20時27分．

北緯6°マレーシア・ランカウイ島にて．オリオン座はほぼ天頂付近にまで昇ります．カノープスは日本で見るシリウスと間違えるような高さまで昇ります．右下に日本の本州では見ることのできないエリダヌス座のアケルナルが写っています．オリオン座の上に写っているのは，月の光芒です．
2月15日21時頃．

南緯16°タヒチ・ボラボラ島にて．水上コテージの上のオリオン座です．西に沈んで行こうとしているオリオン座ですが，南半球のため，日本で見るのとは違って，若干頭の方から先に沈んで行くのに違和感を覚えます．
3月11日22時頃．

南緯32°オーストラリア・セデュナでのオリオン座です．日本とは赤道を境にして緯度はあまり変わらないため，日本で見るのと同じような高度でオリオン座が逆さまになっています．この光景は日周運動の方向とともに最初のうちは頭が混乱します．ユーカリの木と撮影しました．
12月3日02時49分．

リゾートの明かり

　休日は憧れの海や高原リゾートで過ごしたいものです．リゾートは都会の喧騒から離れリラックスできる場所です．そして美しい星空も広がっていることでしょう．ただ，リゾートホテルなどの立地は，街中から遠く，星空の綺麗な場所にあることが多いのですが，ホテル敷地内各所に屋外灯が灯されていることがほとんどで，容易に星空を眺めることができません．南国のホテルでは椰子の木1本1本にライトアップしているところもあります．明るい外灯の光が目に入ってきては，折角の美しい星空も見ることができません．海外の場合は特に治安の問題などもあり，また気軽に星空の撮影という意味からもホテルの敷地内での撮影が望ましいですから，なるべく明かりの少ない所を探します．

サイパンの海岸沿いのリゾートホテルにて
強烈な屋外灯は，美しい星空をかき消してしまいます．
この時は光の影響の少ない海岸まで出ました．

ワンポイント
〈世界の星座早見〉

　星座早見盤は星空を撮影する場合にも，どんな星座が見えるのか確認するために是非用意したいものです．星の見え方は，その場所の緯度によって変わります．したがって，高緯度地方用，赤道地方用，南半球用といった世界各地で使うその土地用の星座早見盤があります．英語の他ドイツ語，フランス語，ペルシャ語など各国の文字表記も面白いです．海外へ行ったら本屋さんや博物館などのショップをのぞいてみましょう．南北に長い日本でも北海道用と沖縄用で随分と変わります．

オーロラを撮ろう

オーロラを求めて

オーロラは太陽活動と密接な関係があります．太陽から太陽風で運ばれた荷電粒子が地球磁気圏の磁力線に沿って南北極地方の大気に突入し，超高層大気の酸素原子や窒素分子と衝突して発光する現象です．

ノーザンライツとも呼ばれるオーロラを見るためには，極北の土地へ出かけなければなりません．南極大陸でも発生しますが，通常上陸は難しいため，北の高緯度地方へ向かいます．ただし，闇雲に北へ行けばよいというわけではなく，オーロラを見るために適した場所があります．

オーロラの発生頻度が高い帯状の地域をオーロラ帯といいます．北極や南極からはずれた地磁気北極や地磁気南極を中心としています．

このオーロラ帯の中の行きやすい街を目指します．何しろ極北の地ですから，気軽に行ける適切な場所はあまり多くはありません．ヨーロッパでは，北欧のさらに北の方，フィンランドのサーリセルカ，ルオスト，ユッラス．ノルウェーのトロムソ．スウェーデンのキルナそれからアイスランドなどがオーロラツアーの行先として名を連ねています．北欧の場合，小さな街のためホテル周辺でのオーロラ観賞スタイルがほとんどです．北アメリカでは，アラスカのフェアバンクス郊外，カナダのイエローナイフ，ホワイトホース，フォートマクマレーなどに人気があります．

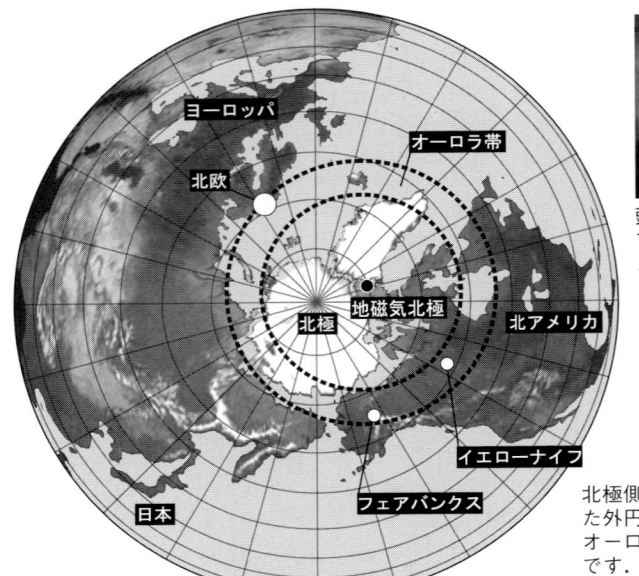

頭上に舞うコロナ状オーロラ．アラスカ チェナ・ホットスプリングスにて．

北極側から見た地球．破線で描かれた外円と内円の間がオーロラ帯です．オーロラ発生頻度が最も高いエリアです．オーロラ帯より内側に入ってもオーロラ発生頻度は下がります．

アラスカ第二の都市フェアバンクス郊外にはロッジが多数あり、その場でオーロラを見る方法や、オーロラ観賞に適した暗い場所へ移動するオーロラツアーに参加する方法があります。車で1時間程の所にはチェナ・ホットスプリングス・リゾートがあり、街明かりが届かない場所でのオーロラ観賞が一晩中楽しめます。

カナダのイエローナイフはオーロラ帯直下にあるため、オーロラ出現頻度が非常に高い街です。ただ、ホテルは市街地に集中しているため、車で30分程の空の暗い所へ移動してオーロラを見るツアーがあります。

オーロラツアーは冬に多く企画されます。しかし、オーロラの発光メカニズムに寒さは関係ありません。ではなぜ寒さ厳しい時期に行くのでしょうか。それは夜の長い冬であれば見られるチャンスが増えるからです。高緯度地方の夏は白夜で夜が短いため、淡い光のオーロラは発生していても見られません。

ただ、8月後半から夜も日増しに長くなりオーロラを見られるようになります。カナダやアラスカでは、9月中はインディアンサマーといって比較的良いお天気に恵まれます。気温も日本の晩秋くらいで寒さに震えることはありません。10〜11月は季節の変わり目で晴れる日が少なくオーロラツアーには向かなくなります。その後天気の良くなる12月から白夜の始まる3月末頃までオーロラの見頃な時期がやって来ます。

アラスカのチェナ・ホットスプリングス・リゾート。フェアバンクスから車で約1時間の所にあります。宿泊しながら一晩中オーロラを待つことができます。写真に見えるのは湯煙です。

カナダ・イエローナイフから車で約30分の所にあるオーロラビレッジ。ホテル間をバスで送迎してくれて、2時間くらいここに滞在するオーロラツアーの拠点です。

-30度にもなろうかという厳寒期のオーロラ観賞には、防寒着が必需品です。寒冷地用の防寒着は現地でレンタルできます。ツアー料金に含まれている場合もあります。

オーロラ撮影のポイント

　標準的な明るさのオーロラを写しとめるにはISO1600で10〜20秒露出が目安になります。オーロラの撮影方法は，後述する星座など星空撮影の方法と同じですのでそちらをご覧いただくことにして，ここではオーロラ撮影で注意しなければいけないポイントを紹介しましょう。

　気温が零下まで下がらない時期ならともかく，あらゆるものが凍りつく厳寒期には，普段の生活では考えられない事態が起こる場合があり，撮影時の注意やカメラへの配慮が必要になります。

　北欧やカナダ，アラスカでは通常たいへん乾燥していますので，カメラレンズに霜が付くことはほとんどありません．しかし，息を吹きかけてしまいますとカメラが真っ白になってしまいます．なるべくカメラの近くでは呼吸をしないようにというのは無理な話ですから，マフラーやマスクで口と鼻を覆うようにします．構図を決めるためにファインダーをのぞいている時に最も注意が必要です．

　リモートコントローラーのビニール被膜のコードが，寒さのために固まってしまった場合には，折ってしまわないように注意しましょう．

　古いフィルム式一眼レフカメラでは，零下になるとシャッターメカが作動しなくなることがありました．デジタル一眼レフカメラの歴史はまだ浅く，このような経験はありませんが，同じようなことが起こるかもしれません．

オーロラ撮影風景．イエローナイフ，オーロラビレッジにて．

寒冷地の撮影では予備バッテリーを用意し，ポケットに入れて温めておきます．

氷点下の屋外から暖かい室内にカメラを持ち込む前に冷凍保存用バッグに入れ，霜付きを防ぎます．

デジタルカメラは，厳寒の地ではバッテリーの電圧降下のために作動時間が短くなります．寒冷地でデジタルカメラを使用する場合には，予備バッテリーを用意することと古いバッテリーは消耗が早いので，なるべく新品を使うことをおすすめします．冬のオーロラ撮影では，バッテリーは肌になるべく近い側のポケットに入れて温め，電圧降下を抑えます．オーロラが出現したら，カメラにバッテリーを入れ撮影にかかります．カメラが作動しなくなったら，ポケットの予備バッテリーと交換し，カメラから取り出したバッテリーをポケットに入れて温めます．そうすると電圧が復活し，もう一度使用することができます．

　氷点下の屋外から暖房の効いた暖かい室内へカメラを持ち込むと，あっという間に霜が付きます．霜で白くなってしまったカメラのスイッチは入れないようにしましょう．カメラが故障する危険性があります．まずは，バッテリーを抜いて霜が取れるまで放置します．このような霜付きを避けるためには，冷凍保存用バッグにカメラを入れてしっかりジッパーを閉じてから室内に入ります．室温に馴染んだらバッグから出せます．オーロラが出現するなどして，室温に馴染む前にカメラを外に出す場合には，屋外でバッグから取り出します．

　オーロラの撮影には長時間露出のできる一眼レフタイプのカメラが最も有利です．エントリーモデルのコンパクトデジタルカメラでも「夜景モード」「高感度モード」や「星空モード（パナソニック）」を使えば，淡いオーロラは難しいですが，明るいオーロラなら写すことができます．できれば長時間露出と高感度設定が同時にできる「マニュアルモード」搭載のコンパクトデジカメが良いでしょう．

デジタル一眼レフで撮影．ISO3200，10秒露出．

コンパクトデジカメで撮影．
高感度モード（ISO6400），1秒露出．

コンパクトデジカメで撮影．
マニュアル，ISO400，28秒露出．

世界遺産で撮ろう

　世界遺産は，ユネスコ（UNESCO国際連合教育科学文化機関）が登録と保護の支援を行なっています．文化遺産，自然遺産と両方の価値をもつ複合遺産があり，世界中で900件以上が登録されています．日本では2010年現在14件です．

　選定された世界遺産は，未来に向けて守り伝えるべき建築様式や景観，自然美などで私たちの心を捉えて止まないものばかりです．観光資源としても活かされ，旅行での目玉スポットとなっています．テレビ番組など映像でも多く取り上げられ，その美しい風景に旅情をそそられます．最近の海外旅行の主流は世界遺産巡りといっても過言ではないでしょう．魅力的な被写体として各地の世界遺産には旅行者のカメラのレンズがたくさん向けられます．

　世界遺産と夜の星は興味深い組み合わせです．歴史的建築や大自然と共に星空が撮れたら素晴らしいですね．ただ，建築物へのライトアップで星空との明るさのバランスが取れなくなるなど技術的難問も降りかかります．それが克服できたら，またとない旅の記念となることでしょう．

奈良・興福寺にて
古都奈良の文化財のひとつとして世界遺産に登録されています．寺の象徴である五重塔の先には，月をはさんで木星と土星が輝いていました．月の右が木星，左上が土星です．

イラン・ペルセポリスにて
ライトアップと音声によるショーが行なわれました．アレクサンダー大王の東征によるペルセポリス炎上の悲劇です．空にはさそり座とその右に火星が輝いていました．

旅先で気軽に星を撮ろう

富山県・五箇山相倉合掌造り集落にて
白川郷・五箇山の合掌造り集落のひとつとして世界遺産に登録されています．合掌造りの障子窓に灯る明かりが夜の帳を知らせます．空に見えるのは月と木星です．

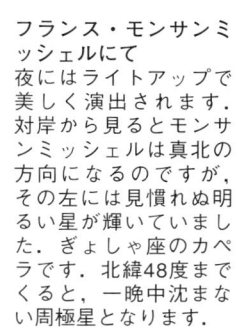

フランス・モンサンミッシェルにて
夜にはライトアップで美しく演出されます．対岸から見るとモンサンミッシェルは真北の方向になるのですが，その左には見慣れぬ明るい星が輝いていました．ぎょしゃ座のカペラです．北緯48度までくると，一晩中沈まない周極星となります．

ギリシャ・メテオラにて
奇岩群のてっぺんに，ギリシャ正教の修道院が建設されています．その上に輝くのはカシオペヤ座とアンドロメダ座です．そして東から月が顔を出しました．メテオラとメテオ（流星）は語源が同じのようで，流星が飛んでくれれば最高だったのですが．

宿から星空撮影のすすめ

世界の宿から星空撮影

　お手軽な星空の撮影方法として，ホテルや旅館のベランダや窓からの撮影を行なってみてはいかがでしょうか．観光地のホテルや旅館は風光明媚な立地に建っていることが多く，窓から絶景が見渡せることも珍しくありません．また治安面の心配で屋外へは出たくない場合もあります．あるいは，寒くて外出が億劫になったりというようなこともあるでしょう．せっかく旅に出たのですから，晴れていれば星空の写真も欲張って撮ってみましょう．

西伊豆・土肥温泉にて
温泉街の夜は明るいのですが，少し視線をずらすと美しい星空がありました．写っているのはカシオペヤ座と北極星です．ホテルのバルコニーから撮影しました．

フランス・パリ郊外にて
パリ中心から8kmほど西にある都市再開発地区ラ・デファンス．このホテルの窓を開けて撮りました．近代的なビル群の中にさそり座のアンタレスと木星が見えました．パリ都心方向はひどい光害で星は見えませんでした．

窓越しのオーロラ
カナダ・イエローナイフのホテルから撮影したオーロラです．部屋の窓から外を見たらオーロラが出現していたので，窓越しに撮影しました．窓を開けられない寒冷地でのお手軽撮影です．

ベランダやバルコニーでの撮影

　ホテルのベランダからなら撮影は簡単です．ベランダに三脚を構えて星空を狙うだけです．問題があるとすれば，屋外の照明が強く星空が見えないような場合です．このような状況では，夜の星空の撮影に不向きということで諦めざるをえません．ただ，まだ薄明中の月や金星ならば屋外照明の煩わしさに悩まされる前に撮影ができます．月齢や月の出没時間を旅行前に調べておきましょう．

このようなベランダのない旅館の場合，窓を開けて星空を狙います．ただし，空の上の方も構図に入れたい場合，ひさしが写り込むことがありますので，できるだけカメラを前に出すなど構図に注意しましょう．

三脚スペースが無く，窓を開けっ放して撮影せざるを得ない場合，夏には蚊対策，冬には寒さ対策をしましょう．

リゾートホテルのベランダでは，派手に灯されている屋外照明がカメラのレンズに飛び込んできて星空の撮影に向かない場合があります．敷地内で他の良い場所を探しましょう．

窓越しでの撮影方法

　ベランダが無い場合は窓を開けてカメラをセットすればよいのですが，窓が十分開かなかったり，寒冷地で窓を開けられないホテルもあります．そのような場合には，窓越しに撮影します．しかし，ただ単に窓越しに撮ったのでは，窓ガラスの反射が写り込んでしまいますので，部屋の照明を落とし，窓ガラスとカメラレンズの間に隙間をつくらないよう密着させる工夫をして写り込みを防ぎます．

窓ガラスの反射が写り込まないように，レンズ径に合う穴を開けた惣菜トレーを流用しました．他に黒い布と針金や柔らかいウレタンなどで写り込み防止フードを工夫して作りましょう．

レンズをいくら窓ガラスに近付けても，ほんの少しの隙間で反射が写り込んでしまいます．

惣菜トレー写り込み防止フードを窓ガラスにピッタリ付けて撮影しました．写り込みはありません．

あなたのデジカメで星が撮れる？

●いろいろなデジカメといろいろな天体撮影方法

デジカメのいろいろ

　星の写真のカメラ選びは，夜の微弱な光を捉えるために長時間露出ができることと高感度であることが最も重要なポイントになります．デジタルカメラは一眼レフタイプとコンパクトタイプの大きくふたつに分けられます．一眼レフタイプはレンズ交換のできることが最大の特徴ですが，長時間露出のためにシャッターを開け続ける状態にするバルブに設定できるので，最も天体写真に向いたカメラです．コンパクトタイプは一般撮影にはとても簡単便利なのですが，長時間露出ができない機種が多く星空の撮影にはあまり向きません．ただし，望遠鏡を使った月の拡大撮影は得意です．月は大変明るく速いシャッターが切れるからです．

　その他，携帯電話に付いているカメラでも月の拡大撮影や朝夕の月や惑星を風景写真のように撮ることができます．

カメラ付携帯電話

　携帯電話にカメラが付属することは当たり前になりました．そのカメラも高画素化はもちろん，高感度化がどんどん進んでいます．日没後の三日月や金星などが，夕景とともに美しく撮れるようになりました．通常機種では長時間露出ができないという点で暗夜の星空撮影には向きませんが，ISO25600という超高感度に対応したり，30秒までの長時間露出が可能な機種も出ています．まだまだノイズが目立ち，星空の撮影もできないことはないというレベルですが，今後に期待です．

　スマートフォンと呼ばれる携帯端末も人気で，カメラが付いています．こちらもカメラ付携帯電話と同じ感覚で写真撮影ができ，高画素化と高感度化が進んでいくことでしょう．

カメラ付携帯電話とスマートフォン

コンパクトデジタルカメラ

　コンパクトタイプは小型軽量で持ち運びに便利，撮りたい時にサッと取り出して手軽に撮れるところが特徴です．高感度化は進んでいますが，長時間露出のできる機種が少なく天体の撮影に必ずしも向くとは言えません．特にエントリーモデルで

は，フルオートかポートレートや風景などシーンごとのモード設定しかできませんので，まだ明るさの残る夕暮れ時の撮影はできますが，暗夜の星空撮影は苦手です．ハイエンドモデルには絞り，シャッター速度，ISO感度の細かな設定ができるマニュアルモードが搭載されていて，メーカーや機種にもよりますが，30秒あるいは60秒（リコーは180秒）の露出が可能で気軽に星空撮影ができます．少ないながらエントリーモデルでもマニュアル撮影が可能な機種もありますので，コンパクトデジカメをお持ちの方は取扱説明書を調べてみましょう．また，パナソニックのコンパクトデジカメには「星空モード」があります．

　天体望遠鏡を使った月や惑星の写真を最も手軽に撮れるのが，コンパクトデジカメです．エントリーモデルでも一眼レフタイプに負けないほどの満足のいく写真が撮れます．

コンパクトデジタルカメラ

デジタル一眼レフカメラ

　一眼レフタイプは天体写真においては万能です．かつてデジタルカメラはノイズの点で欠点がありましたが，近年発売のモデルではほとんど問題ではなくなっています．最新のハイエンドモデルではISO感度102400という桁違いの超高感度を実現しているカメラもあります．低価格帯のエントリーモデルでも高感度かつ綺麗な画像が撮影でき，弱く淡い光を捉えなければならない天体写真には十分な威力を発揮します．もしこれから天体写真を始めたいと思っている方には，デジタル一眼レフをおすすめします．

デジタル一眼レフカメラ

天体撮影のいろいろとカメラの向き不向き

　天体の撮影にはいくつかの方法があります．「固定撮影」，「拡大撮影」，「追尾撮影」，追尾撮影の上級編となる「星雲・星団撮影」です．それでは実践的な解説に入る前に，これらの撮影方法の概要を説明していきましょう．

星空と風景両方撮る「固定撮影」

カメラ付携帯電話
解説P58〜59

コンパクトデジカメ
解説P60〜65

デジタル一眼レフ
解説P98〜131

　固定撮影はカメラと三脚があれば始められる天体写真の中で最も入りやすい撮影方法です．地上の風景と星空を組み合わせる構図は広く認知されるようになってきました．鑑賞写真として心象風景を表現するような作画意図を持った作品も，多く発表されるようになりました．これは夜の風景写真とも言えるもので，星景写真とも呼ばれています．

　朝夕に輝く月・惑星の撮影から，夜深い時間帯の星座や天の川の撮影まで含みます．朝夕の月・惑星撮影はカメラ付携帯電話でも撮れます．星空の撮影は「マニュアルモード」や「星空モード」搭載のコンパクトデジカメで可能になります．デジタル一眼レフなら長時間露出ができますので固定撮影に最適です．流星群の夜にはこの固定撮影法で流れ星が写るかもしれません．

カメラ三脚による「固定撮影」の撮影風景

日の出前，暁の月

固定撮影では，日周運動で星が動いて写ります．

月・惑星のアップを撮る「拡大撮影」

カメラ付携帯電話
解説P68〜71

コンパクトデジカメ
解説P72〜77

デジタル一眼レフ
解説P132〜137

　月は大きそうに見えて実は小さく，腕を伸ばした先の小指の幅半分の直径しかありません．この大きさでは，200〜300mmの望遠レンズを使っても月面のクレーターがはっきりわかるほどには写りません．ましてやもっと小さな惑星では点にしか写りません．そこで，月のクレーターや惑星の表面模様を狙う場合には，天体望遠鏡で拡大した像を撮影します．

　この方法では，コンパクトデジカメで簡単に写すことができます．同じ要領でカメラ付携帯電話でも撮影できます．ただし，コンパクトデジカメに比べてレンズが小さいため，導入が難しく慣れるまでに時間がかかるかもしれません．

　デジタル一眼レフでは，レンズを外したカメラボディをカメラアダプターを介して望遠鏡に取り付けます．マニアックで本格的な撮影方法ですが，画質の高い写真が撮れます．

　拡大撮影では天体望遠鏡が必要になります．天体望遠鏡をお持ちでない方は，公共の天文施設での観望会などに参加して撮影ができるか問い合わせてみてください．

天体望遠鏡とコンパクトデジカメによる月の「拡大撮影」

コンパクトデジカメで撮影した月面

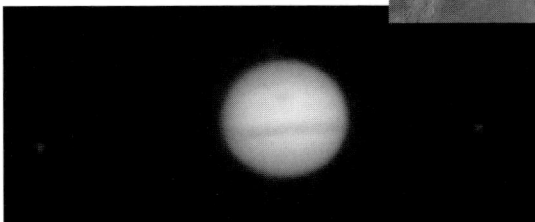

コンパクトデジカメで撮影した木星と衛星

星空を止めて撮る「追尾撮影」

デジタル一眼レフ
解説P138〜140

　星は東から昇って西へ沈みます．固定撮影ですと，長時間露出するほどこの日周運動によって星が長い線になって写ります．星を目で見たように点像に写すためには，赤道儀という架台が必要になります．赤道儀は日周運動に対応して動き，星を追尾します．その赤道儀にカメラを載せて撮影すれば，星が点像になって写るわけです．この撮影方法を追尾撮影と呼びます．赤道儀に追尾用のモーターが内蔵されていれば，自動で日周運動に対応して駆動します．

　赤道儀はカメラ三脚に載せて使えるコンパクトなものから，専用三脚を使用する頑丈で高級なものまで各種あります．これらは目的に応じて選ぶことになります．広角レンズ使用でしたら，高い追尾精度は要求されませんからコンパクトなもの，望遠レンズを使用する場合には搭載重量に余裕が求められますので，それなりに大きく高精度なものが必要になります．

　カメラと三脚だけが必要な固定撮影に対して，赤道儀という重い機材を使わなければならない追尾撮影は，お手軽撮影とは言えませんが，目では見えない暗い星や星雲・星団を写すことができ，天体写真の醍醐味を楽しめる撮影方法です．

　追尾撮影は長時間露出をすることが前提ですから，コンパクトデジカメでも長時間露出の可能なタイプならできないことはありませんが，デジタル一眼レフを使うのが一般的です．

赤道儀による「追尾撮影」の撮影風景

冬の星座
追尾撮影では星は点像に写ります．

星雲・星団の撮影

デジタル一眼レフ
解説P138〜140

チャレンジ！

コンパクトデジカメ
解説P78〜80

　何千光年，何百万光年離れた星雲や星団のような肉眼では見えない天体を撮影するには，長時間にわたって撮像素子にそのかすかな光を集めなければならず，美しく撮影するには技術がいります．

　星雲・星団の大きさはさまざまで，望遠レンズで狙える大型のものから，焦点距離の長い天体望遠鏡が必要となる大変小さなものまであります．いずれにしても，なくてはならないものは頑強で追尾精度の高い赤道儀です．望遠レンズや天体望遠鏡も口径比が小さく明るい（焦点距離に対して口径が大きいことを言います）光学系の方が，淡い星雲・星団は写りやすく有利になります．ただこのような赤道儀や光学系は高価で，経済的負担が非常に高くなります．

　そして，レンズの外せるデジタル一眼レフが必要です．星雲・星団の撮影では，天体望遠鏡を望遠レンズ代わりに一眼レフボディを装着して撮影しますが，このような方法を直焦点撮影と言います．天体撮影用に開発された冷却CCDカメラというものもあります．これらはマニアックな趣味の領域となり，本書の趣旨は気軽な星空の撮影法の解説ですので，高精度な機材を必要とする星雲・星団撮影法については簡単な説明にとどめています．

　画質にこだわらず，もっと手軽に星雲・星団を撮りたい方は，P78〜80にコンパクトデジタルカメラでの撮影方法を解説していますのでご覧下さい．

天体望遠鏡による星雲・星団の撮影風景

M31アンドロメダ大銀河
天体望遠鏡の直焦点で撮影しています．

デジカメと撮影天体の対応表

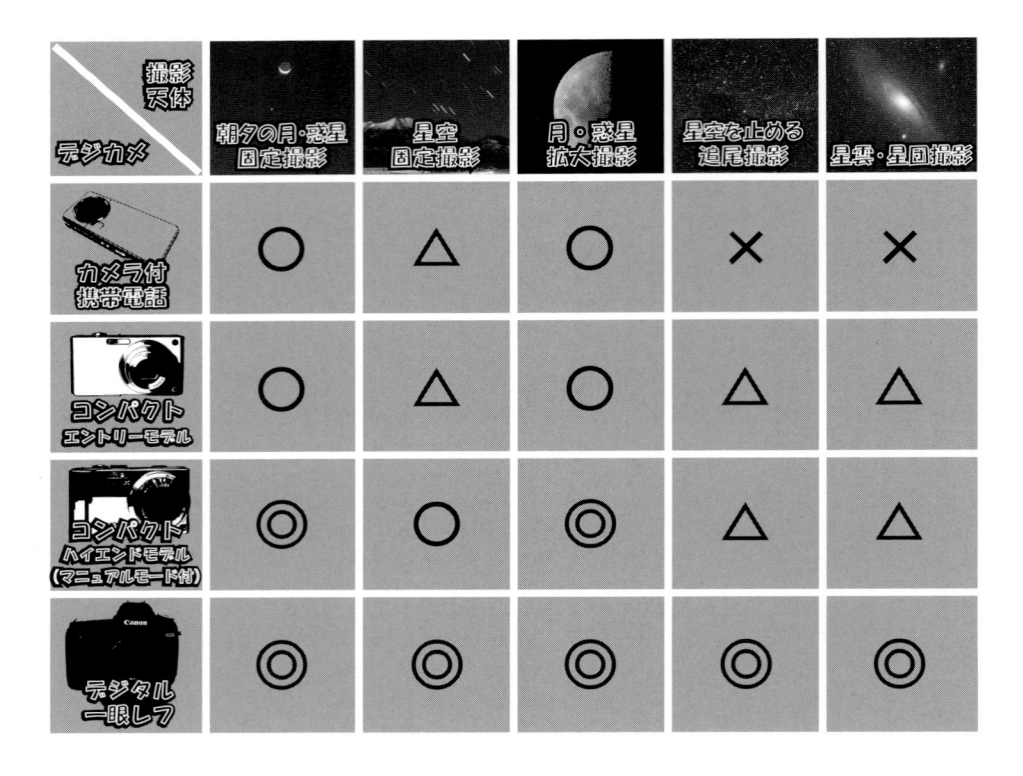

デジカメ \ 撮影天体	朝夕の月・惑星 固定撮影	星空 固定撮影	月・惑星 拡大撮影	星空を止める 追尾撮影	星雲・星団撮影
カメラ付携帯電話	○	△	○	×	×
コンパクト エントリーモデル	○	△	○	△	△
コンパクト ハイエンドモデル（マニュアルモード付）	◎	○	◎	△	△
デジタル一眼レフ	◎	◎	◎	◎	◎

　表の中の記号はそれぞれのカメラが，◎は大変向く，○は向く，△は向く機種もある，×は向かないを表しています．

　カメラ付携帯電話には高感度設定や長時間露出ができ，暗夜の星空撮影ができる機種もあります．

　コンパクトデジカメのエントリーモデルでも，パナソニックのデジカメには「星空モード」があります．

　コンパクトデジカメの低価格帯の機種でもマニュアルモードが搭載されていて，暗夜の星空撮影ができる機種もあります．

　コンパクトデジカメでも高感度設定のできる機種であれば，天体望遠鏡を使った月・惑星の拡大撮影と同じ方法で星雲・星団が撮影できる場合があります．

携帯&コンパクトデジカメで
星を撮影しよう

〈作　　例〉

スピカ・金星・火星
固定撮影．パナソニックLUMIX FX33
夜景モード．F4.7．8秒露出．ISO100．JPG．
2010年8月28日19時18分．

[カメラ付携帯で朝夕に輝く月や惑星を撮ろう]

月・金星
手持ち撮影．ソニーエリクソンSO506i 通常撮影モード．
F4．1/15秒露出．ISO320．JPG．2005年12月5日17時00分．

金星
手持ち撮影．京セラW44K 通常撮影モード．
1/8秒露出．JPG．2010年5月13日19時11分．

[コンパクトデジカメで朝夕に輝く月や惑星を撮ろう]

夕焼け雲と月
手持ち撮影．パナソニックLUMIX FX33 通常撮影モード．
F2.8．1/60秒露出．-1.7露出補正．ISO100．JPG．2010年7月21日19時16分．

金星とデジタルタワー
固定撮影．パナソニックLUMIX FX33 通常撮影モード．
F5．8秒露出．ISO100．JPG．2010年5月27日20時40分．

夜明けの木星
固定撮影．
パナソニックLUMIX
FX33 星空モード．
F3.2．15秒露出．
ISO100．JPG．
2010年6月10日03時
55分．

金星・月・水星
固定撮影．パナソニックLUMIX
FX33 通常撮影モード．F5.6．
3.2秒露出．ISO100．JPG．
2008年12月29日17時22分．
トリミング．

黄昏の金星
手持ち撮影．
パナソニックLUMIX
FX33 通常撮影モー
ド．F2.8．1/4秒露出．
-0.3露出補正．
ISO200．JPG．
2010年7月19日19時
37分．

[コンパクトデジカメで星座を撮ろう]

さそり座・いて座
固定撮影．パナソニック LUMIX FX33 星空モード．F2.8．60秒露出．ISO100．JPG．2008年7月26日20時27分．

オリオン座と国際宇宙ステーション
固定撮影．パナソニックLUMIX FX33 星空モード．F2.8．30秒露出．ISO100．JPG．2010年3月3日18時46分．

オーロラ
固定撮影．
ニコンCOOLPIX880
マニュアルモード．F2.8．35秒露出．ISO400．JPG．アラスカ チェナ・ホットスプリングス・リゾートにて．

[カメラ付携帯で月・惑星の拡大撮影]

月（月齢9）
拡大撮影．ソニーエリクソンSO506i 通常撮影モード．1/80秒露出．ISO160．スポット測光．JPG．タカハシFCT-150屈折（口径150mm F7）．2009年10月27日17時10分．京都市花脊山の家にて．

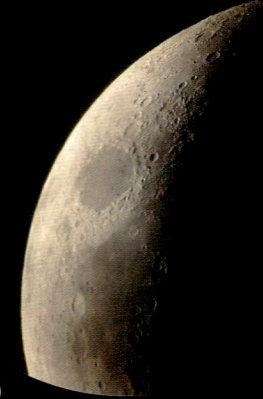

月（月齢4）
拡大撮影．ソニーエリクソンSO506i 通常撮影モード．1/33秒露出．ISO160．スポット測光．JPG．タカハシμ-180ドール・カーカム（口径180mm F12）．タカハシLE30接眼レンズ．2006年3月4日17時57分．

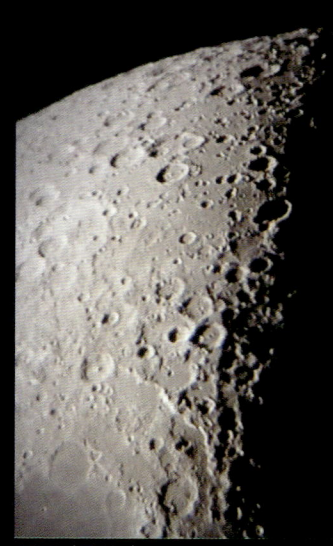

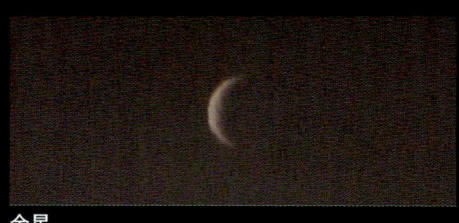

金星
拡大撮影．NEC N05B フォトモード．1/1261秒露出．ISO41．JPG．タカハシμ-180ドール・カーカム（口径180mm F12）．タカハシOr12.5接眼レンズ．2010年10月1日16時48分．

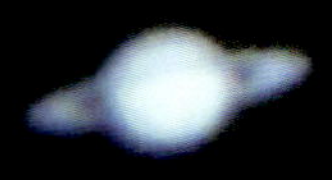

月面（月齢6）
拡大撮影．NEC N05B フォトモード．1/32秒露出．ISO40．JPG．タカハシμ-180ドール・カーカム（口径180mm F12）．タカハシOr25接眼レンズ．2010年9月14日19時39分．

土星
拡大撮影．NEC N05B フォトモード．1/8秒露出．ISO565．JPG．タカハシμ-180ドール・カーカム（口径180mm F12）．タカハシLE7.5接眼レンズ．2010年12月27日03時57分．

[コンパクトデジカメで月・惑星の拡大撮影]

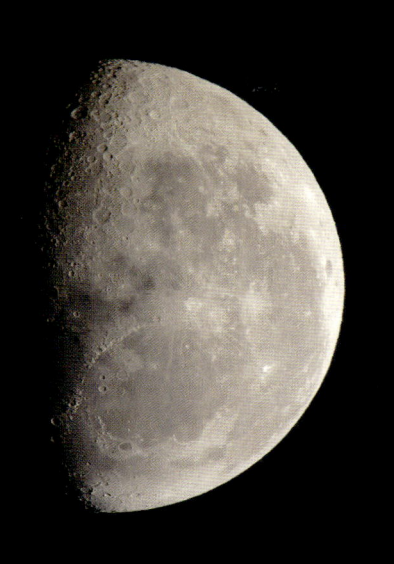

月面（月齢11）
拡大撮影．パナソニックLUMIX FX33 通常撮影モード．1/100秒露出．-1露出補正．ISO100．JPG．タカハシμ-180ドール・カーカム（口径180mm F12）．ミードPL26接眼レンズ．天頂プリズム使用．2009年4月25日21時25分．

月面（月齢21）
拡大撮影．パナソニックLUMIX FX33 通常撮影モード．1/100秒露出．-0.7露出補正．ISO100．JPG．タカハシFCT-100屈折（口径100mm F6.4）．タカハシLE18接眼レンズ．2010年12月27日02時07分．

土星
拡大撮影．ニコンCOOLPIX880 マニュアルモード．1/2秒露出．ISO100．JPG．タカハシμ-180ドール・カーカム（口径180mm F12）．タカハシOr12.5接眼レンズ．デジカメアダプター使用．コンポジット．2002年12月14日21時16分．

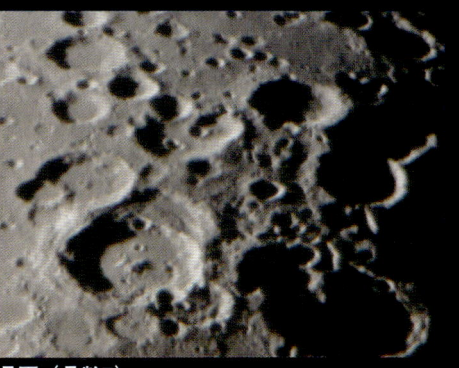

月面（月齢7）
拡大撮影．パナソニックLUMIX FX33 通常撮影モード．1/25秒露出．-1露出補正．ISO200．デジタルズーム．JPG．タカハシμ-180ドール・カーカム（口径180mm F12）．タカハシOr25接眼レンズ．2010年7月18日20時15分．

土星
拡大撮影．パナソニックLUMIX FX33 通常撮影モード．1/4秒露出．-2露出補正．ISO200．デジタルズーム．JPG．40センチカセグレン（口径400mmF10）．タカハシLE24接眼レンズ．2010年5月5日21時45分．愛知県旭高原元気村天文台にて．

木星
拡大撮影．ニコンCOOLPIX880 マニュアルモード．1/8秒露出．ISO100．JPG．タカハシμ-180ドール・カーカム（口径180mm F12）．タカハシOr18接眼レンズ．デジカメアダプター使用．コンポジット．2003年2月14日22時16分．

火星
拡大撮影．オリンパスμ10 プログラムオートモード．1/20秒露出．-2露出補正．ISO160．スポット測光．JPG．タカハシμ-180ドール・カーカム（口径180mm F12）．タカハシOr7接眼レンズ．2005年10月27日23時05分．

アルビレオ（はくちょう座の二重星）
拡大撮影．パナソニックLUMIX FX33 通常撮影モード．1秒露出．-2露出補正．ISO200．JPG．ボーグ100ED屈折（口径100mm F6.4）．タカハシLE7接眼レンズ．2010年10月2日18時43分．

[コンパクトデジカメで星雲・星団の撮影]

オリオン大星雲M42
拡大撮影．パナソニックLUMIX FX33 高感度モード．1秒露出．ISO6400．JPG．タカハシμ-180ドール・カーカム（口径180mm F12）．ミードPL26接眼レンズ．2010年12月30日00時22分．

オリオン大星雲M42
拡大撮影．キヤノンIXY400F プログラムAEモード．1秒露出．ISO1600．JPG．タカハシμ-180ドール・カーカム（口径180mm F12）．ミードPL26接眼レンズ．2010年12月30日01時33分．

携帯＆コンパクトデジカメで星を撮影しよう

星空と風景両方撮る「固定撮影」

月や一番星が輝き始める夕暮れ時から無数の星が広がる漆黒の夜空まで，星空は明るい昼間のように速いシャッター速度では撮れません．シャッター速度を遅くするか長い時間シャッターを開けて撮影します．このような撮影の場合，手持ちではブレてしまいますからカメラをカメラ三脚に固定します．

カメラ三脚に固定したコンパクトデジカメ

カメラ付携帯で朝夕に輝く月や惑星を撮ろう

　三脚に固定できないカメラ付携帯では基本的に手持ち撮影となりますが，まずその方法から解説しましょう．まだ明るさの残る夕方や日が昇る前，カメラ付携帯の手持ちでも撮影が可能です．ただ，空が明る過ぎると月や惑星がその明るさに埋もれてしまいます．暗くなり過ぎると真っ黒の中に星や人工灯の光点がポツポツしているだけの面白くない写真になってしまいます．これは，星の写真撮影を想定していないカメラ付携帯の弱みなのですが，朝夕の月や惑星の撮影には適切な時間帯があります．それは日没30分後または日の出30分前です．この時間ならば，月はもちろん明るい金星など，美しい朝夕の風景とともに写しとることができます．

夕暮れ時の月と金星
123万画素カメラ付携帯電話．1/15秒露出．ISO1000．通常撮影モード．手持ち撮影．

カメラ設定と撮影方法

　撮影モードは「通常撮影」か「夜景」にします．あえて「夜景」モードにしなくても，オートで「夜景」に切り替わる機種もあります．

　構図を決め，カメラをしっかり構えて慎重にシャッターを押すだけです．手すりや机などカメラを安定させるためのものがあれば利用します．両手でカメラ付携帯を固定してブレを防止しましょう．セルフタイマーも利用しましょう．作動時間設定ができるのであれば2秒にします．シャッターを押した後2秒後にシャッターが切れ，ブレ防止対策になります．もしピントが合わない場合は，一旦遠くの風景を液晶モニターの真ん中にあるフォーカス枠へ持って来

手すりなどを利用してブレないようしっかり構えます．

携帯&コンパクトデジカメで星を撮影しよう

てフォーカスロックし，ピントが合った後，構図を戻してシャッターを押します．フォーカスロックの方法は取扱説明書によってください．

「高感度」モードのあるカメラ付携帯では，空に明るさの無くなった時間帯でも撮影が可能です．ただし，あまり高感度にするとノイズが目立ちザラザラ感のある写真になります．

撮影モードは「通常撮影」か「夜景」

「高感度」モードがあれば使ってみましょう．

「高感度」モードで撮った月と木星
1/2秒露出．ISO1600．NEC N05B．手持ち撮影．ノイズが目立ちます．

カメラ付携帯で撮った天の川
30秒露出．ISO400．SHARP 933SH．三脚ホルダー使用．
撮影：野田美幸．

ステップアップ

携帯電話の三脚ホルダー

〈あると便利な三脚ホルダー〉

　カメラ三脚に携帯電話を取り付ける三脚ホルダーがあると便利です．シャッター速度の遅い朝夕の撮影では，これがあればブレの心配が少なくなります．長時間露出のできるカメラ付携帯には必要でしょう．

コンパクトデジカメで朝夕に輝く月や惑星を撮ろう

準備と必要な撮影機材

　カメラ三脚を用意しましょう．カメラ付携帯と同じく残照の月や金星は，しっかり構えれば手持ち撮影もできますが，コンパクトデジカメには三脚固定用のネジ穴が付いていますので，確実にブレないように撮影するためにもカメラ三脚に固定します．

　空の明るさが無くなって，遅いシャッター速度になってもブレの心配なく撮影できます．ある程度空が暗くなりますと，金星より暗い木星や土星なども写るようになります．

小型三脚とミニ三脚

月と金星・木星
1秒露出．ISO200．パナソニックLUMIX FX33．通常撮影モード．ミニ三脚使用．

コンパクトデジカメ用には大型の三脚は必要ありません．ある程度しっかりした小型のもので十分です．ただ，雲台（うんだい）と呼ぶ上下左右に動かしてカメラの向きを決める部分は，動きがスムーズでないと構図決めに苦労することになります．あまり安価なものですと使用に問題を感じる場合があるかもしれませんので，店頭などで実際に触れて三脚選びをするとよいでしょう．

ポケットにも入るミニ三脚は，いつも持ち歩けて，いざという時に便利です．しかし，軽いコンパクトデジカメしか載せられませんから，ミニ三脚の搭載重量には注意してください．

カメラ設定と撮影方法

カメラ設定はまずフラッシュ（ストロボ）を「発光禁止」にします．特別な意図があって人物や近景を入れたい場合に発光させることもありますが，基本的には「発光禁止」です．

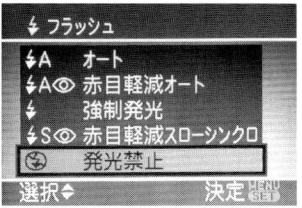

フラッシュ（ストロボ）は発光禁止

カメラ三脚に固定する時は，「手ブレ補正OFF」にします．これは，誤作動を防止するためです．ただ，「手ブレ補正OFF」の設定をしなくても必ず誤作動するものではありませんから，設定を忘れてもあまり心配する必要はありません．これも固定撮影時の基本設定のひとつです．

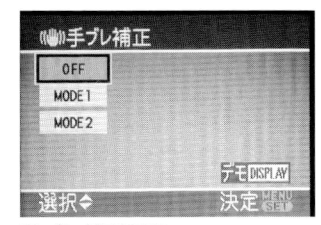

手ブレ補正OFF

撮影モードは「通常撮影」か「夜景」にします．あるいは「インテリジェントオート」などおまかせオートモードにしていても，自動的に「夜景」に切り替わります．いずれのモードでも露出やISO感度をカメラが判断して決定してくれますが，モードによってISO感度を上げたり露出時間を長くするなどさまざまですので，モードを切り替えていろいろ撮影してみることをおすすめします．例えば，「夜景」モードでは画像を粗くしないようISO感度を低く露出時間を長くする傾向があり，ブレないようカメラ三脚に必ず固定するようにしましょう．カメラによっては，「手持ち夜景」というモードを持つものもあり，カメラ三脚無しで撮影できます．しかし，ISO感度を上げるために画像にノイズが増えてしまう場合があります．

「通常撮影」モード

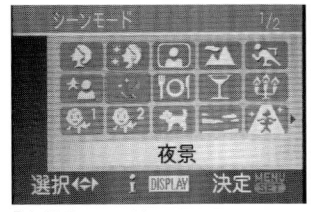

「夜景」モード

次はカメラ三脚をセットします．三脚の脚を伸ばして，高さはカメラの液晶画面の見やすい位置にします．カメラを三脚に取り付ける方法は三脚によって違います．雲台の上部に直接カメラを取り付ける機種と，クイックシュー式になっていてカメラをクイックシューに一旦固定してから雲台に取り付ける機種があります．クイックシュー式はカメラの三脚への脱着がワンタッチでできるので便利です．どちらの方法かは，カタログや取扱説明書で確認してください．

三脚の脚を伸ばし，開脚してセットします．

　カメラを三脚に固定したら構図決めです．まだ明るさの残る夕方や日が昇る前でしたら，デジカメのモニター画面で風景とのバランスを見ながら月や惑星を入れます．ただ，月はわかりますが，惑星はわからないかもしれません．このような場合，おおよそで見当をつけて，まず一度撮影し撮影画像を再生して確認します．

　ピントは，通常の撮影同様シャッターボタンの半押しで合わせます．それから静かに押し込みシャッターを切ります．もしピントがうまく合わない場合は，構図を遠くの風景がモニター画面の1/3になるくらいまで移動させてシャッターボタンを半押しし，ピントが合ったらまた構図を戻すという方法で行ないます．空の面積が大半を占めているとピントの判断がしにくくなるためです．もし，マニュアルフォーカスのある機種でしたら無限大に設定します．

カメラを雲台に固定します．

　まずは，広角側で撮影してから構図によってはズーミングもしてみましょう．例えば三日月の形がはっきり写ったりします．

　空の明るさと色は刻々と変わって行きます．その時のチャンスを逃さないよう，なるべくたくさん撮って後から良い写真を選択しましょう．

構図を決めてシャッターボタンを押します．

コンパクトデジカメで星座を撮ろう

カメラ設定と撮影方法

　薄明が終わり，夜空が闇に包まれると星々の数が増してきます．星座を撮影するためには，空に明るさの残る時間帯よりさらに長い露出時間が必要となりますので，最も長い露出時間がかけられるモードに設定します．それはカメラやメーカーによって異なります．「打上げ花火」，「夜景」，「長秒時撮影」，「星空」などです．

　2～8秒くらいまでしか露出をかけられず，暗い夜空の星座を撮るのには不向きな機種もコンパクトデジカメではたくさんあります．カメラの仕様は取扱説明書で確認してください．

　パナソニックのLUMIXシリーズには「星空」モードが搭載されていて，60秒まで露出をかけることができます．ただし，その時のISO感度は機種によって違うのですが80とか100などに限定されてしまいます．これは他のメーカーのカメラでも同じで，キヤノンのIXYシリーズのエントリーモデルでは「長秒時撮影」モードで15秒まで露出できますが，機種によってISO感度は80から125に限定されてしまいます．このように長時間露出と高感度の併用ができないところが残念なところです．

　長時間露出を行なった場合には，ノイズ低減処理が自動的に行なわれます．この時，露出時間と同じ時間を処理に要します．15秒露出の場合にはその倍の30秒，60秒露出の場合にはその倍の120秒の時間が撮影終了までにかかることになります．このノイズ低減処理は1秒より長い露出の時に行なわれますので，「星空」モード

市街地で撮影したおおいぬ座
60秒露出．ISO100．パナソニックLUMIX FX33「星空」モード．

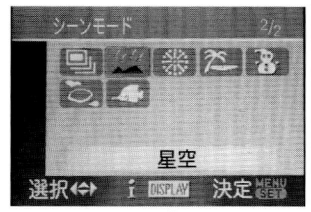

パナソニックの「星空」モード

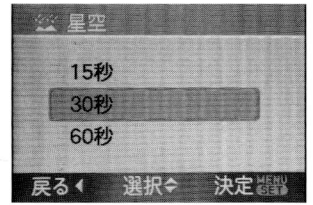

「星空」モードの露出時間設定

63

や「長秒時撮影」モードだけでなく,「夜景」モードでも作動します。ノイズ低減処理が終わるまで次の撮影はできません。ちなみに,「星空」モードでは自動的に手ブレ補正OFFになります。

星座を撮るには「高感度」モードにするのも方法です。しかし,高感度になるほどノイズが発生し綺麗な画像になりません。そして,エントリーモデルでは「高感度」に設定すると露出時間は1秒までに限定されます。これは,画質の低下を考えると致し方のないことではあります。

長時間露出では,ブレを抑えるためにセルフタイマーを利用します。作動時間設定を2秒にしましょう。シャッターボタンを押してから2秒後にシャッターが開きます。

構図は暗い夜空の場合,カメラのモニター画面ではほとんど何も見えません。カメラの背面から垂直に数十センチのところからおおよその狙いをつけます。一度撮影してみて,撮影画像を再生して確認し,構図をはずしていたらカメラの向きを修正して撮り直します。

市街地で撮影した場合,街明かりの影響で,夜空でも露出を長くかけたり,感度を上げると明るく写ります。ところが,空の暗い田舎で撮影すると同じ露出でも夜空がかぶらず暗く写ります。

「マニュアル」モードが搭載されたカメラは,絞り,ISO感度,露出時間を自由に設定でき,より星空撮影に向いた仕様になっています。星座を撮るためには,絞りはそのカメラの一番小さい値にします。ISO感度はノイズがひどくなり過ぎない400くらいが良いでしょう。露出時間は市街地か田舎かなどその夜空の明るさに対して適正な時間が違いますので,何段階か撮影しておきます。後でパソコンモニターで確認したら,カメラの液晶モニターでは確認できなかった思いもよらぬブレやボケが発生している場合があったりしますので,できるだけたくさん撮影しておきましょう。

「高感度」モード

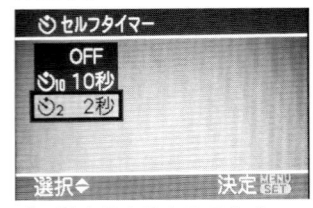

ブレ防止のためセルフタイマーを使用する。

構図を決めたらシャッターボタンを押して,静かに手を離して撮影完了まで待ちます。

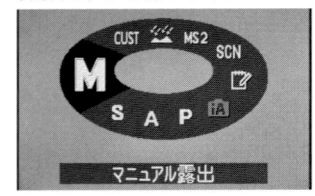

パナソニックTZ10のマニュアル露出設定画面

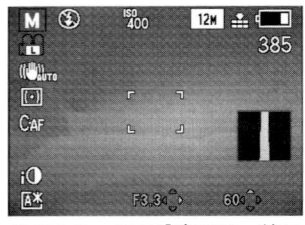

このマニュアル設定では,絞りF3.3,60秒露出,ISO感度400になっています。

この固定撮影法で国際宇宙ステーション（ISS）の軌跡も撮影できます．強運に恵まれれば，流れ星も写るかもしれませんよ．

市街地で「星空」モードで撮影した
オリオン座とおおいぬ座
60秒露出．ISO100．パナソニックLUMIX FX33．

市街地で「高感度」モードで撮影した
オリオン座とおおいぬ座
1秒露出．ISO6400．パナソニックLUMIX FX33．画質が落ちて星がよくわからなくなってしまいました．

空の暗い田舎で「星空」モードで撮影した
オリオン座
60秒露出．ISO100．パナソニックLUMIX FX33．

さそり座と天の川
40秒露出．ISO400（マニュアル露出）．パナソニックLUMIX TZ10．撮影：浅田英夫．

月・惑星のアップを撮る「拡大撮影」

望遠鏡で拡大した月や惑星は，コンパクトデジカメやカメラ付携帯で手持ち撮影することができます．望遠鏡の接眼レンズ（アイピース）の見口にカメラのレンズを覗かせるだけです．このような拡大撮影法をコリメート式と呼んでいます．特に月は明るいので容易に撮影でき，少し慣れれば驚くほど鮮明な画像が得られます．

ビギナー向け屈折・経緯台式天体望遠鏡

準備と必要な撮影機材

月や惑星を拡大するために必要な天体望遠鏡には，さまざまな種類があります．

まず鏡筒部分では，レンズで像を拡大する屈折式とミラーで像を拡大する反射式があります．一般的に反射式は屈折式より口径が大きく光を多く集められますが，取り扱いが難しいところもあり，屈折式の方がビギナー向けと言えます．

架台部分では，経緯台式と赤道儀式があります．経緯台式は望遠鏡を上下左右に動かす方式で操作がわかりやすくビギナー向けです．赤道儀式は日周運動に対応して星を追尾することができますが，操作が難しく慣れが必要です．コンパクトデジカメやカメラ付携帯での月や惑星の撮影には，どちらでも可能ですが，経緯台では日周運動で星が視野から徐々に移動し出て行ってしまいますので，視野内に天体をとどめるための微動操作を行なわなくてはなりません．その点，追尾モーター付きの赤道儀では，自動で星を追ってくれますので断然有利です．特に高倍率にする場合には赤道儀が必需です．

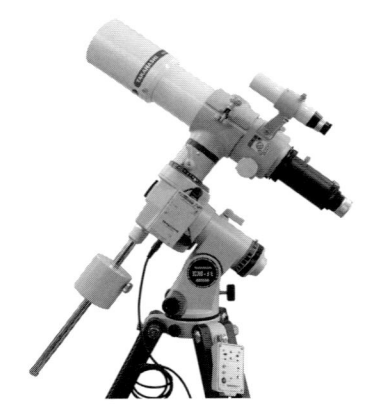

自動追尾のできる屈折・赤道儀式天体望遠鏡

フィールドスコープ（スポッティングスコープ）

携帯&コンパクトデジカメで星を撮影しよう

バードウォッチングなどに使用するフィールドスコープ（スポッティングスコープ）も使えます．ただし，天体望遠鏡のように微動装置の付いた経緯台や赤道儀に搭載するのではなく，カメラ三脚で使用することが通常ですから，あまり倍率をかけると操作がしにくくなりますので，低倍率での使用に限られます．

月の全体像を撮影する場合には，倍率を50倍くらいまでの低倍率にします．月の部分拡大や惑星の撮影は，これより高い倍率で行ないます．惑星は月に比べたら大変小さいですから，望遠鏡の口径や性能にもよりますが，できたら100倍以上の倍率にしたいところです．

天体望遠鏡やフィールドスコープを持っていない方は，公共天文台やプラネタリウム館などが開催する天体観望会に参加して，撮影をさせていただくというのも方法です．もし，月や惑星を見る観望会でしたら撮影許可のお願いをしてみましょう．ただし，あくまでも観望がメインであることを心得てください．天体撮影には慣れが必要で，すぐにうまくできるものでもなく，長い時間試みては失敗をくり返していると，後ろに並んで観望を待っている方に迷惑をかけてしまいます．観望会が一段落したら，撮影ができるかどうか申し出るようにしましょう．時には天体撮影会を目的としたイベントもあります．また，大型の天体望遠鏡が設置された施設での撮影の機会もあるかもしれません．このような催しは，月や惑星を撮影してみたい方々には大きなチャンスです．

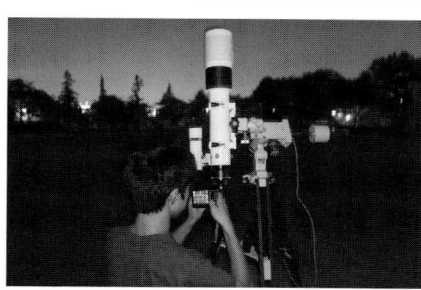

小型天体望遠鏡でのコンパクトデジカメによる拡大撮影

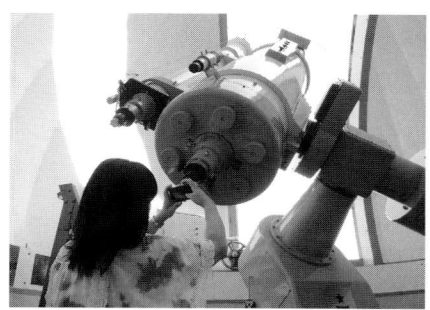

公共天文台の大型天体望遠鏡でのコンパクトデジカメによる拡大撮影

67

カメラ付携帯で月・惑星の拡大撮影

今では携帯電話やスマートフォンの普及率は非常に高く，多くの人が持っています．その携帯電話やスマートフォンには，当たり前のようにカメラが内蔵されています．観望会でカメラ付携帯を取り出して，気軽に月を撮影する風景もよく見かけるようになりました．それではカメラ付携帯での撮影のコツを解説していきましょう．

カメラ設定と撮影方法

拡大撮影の場合，カメラの設定は「オート」モードで行ないます．特に特別なモードは使いません．通常の撮影と同じようにカメラまかせで撮影できます．

基本的に難しい設定などはありませんが，一番注意しなければならないことは，フォトライトなどのカメラレンズ付近の光です．フォトライトの強い光は拡大撮影の支障になりますので，フォトライトが搭載されている機種はOFFにします．また，撮影認識ランプがカメラレンズのすぐ隣に付いている機種があります．カメラレンズ近くで点灯していると，その光が接眼レンズに反射して拡大撮影にさしつかえます．この撮影認識ランプは消灯することができませんので，光が漏れないように遮断性の良いテープや紙などで覆います．

カメラ付携帯で撮影した月面

カメラ付携帯で撮影した土星

撮影の方法は，まず普通に天体を観望するのと同じく目で見てピントを合わせます．次に携帯のカメラレンズを望遠鏡の接眼レンズにかざし覗かせます．この時，接眼レンズとカメラレンズの中心を合わせ，真っ直ぐ傾きなく覗かせることがポイントです．月や惑星の撮影天体も視野中央にないといけません．これが撮影の基本です．しかし状況によっては，目標天体が視野中央に無い時などは，携帯を多少傾けたり，視野の中心に対して微妙にずらしたりしなければなりません．観望会への参加などでは天体望遠鏡を許可なく操作できませんから，そのような場合には致し

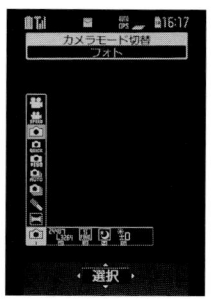

携帯&コンパクトデジカメで星を撮影しよう

カメラモードは通常の撮影時と同じオートで．

フォトライト付きの携帯はOFFにします．

カメラレンズの近くに撮影認識ランプのある携帯は，光が漏れないように覆います．

方ないでしょう．まずは，撮ることが先決です．

　携帯のレンズは小さいので，最初は望遠鏡の接眼レンズの中心と合わせるのは難しいかもしれません．小さい的を狙うのが難しいのと同じです．明るいところでカメラレンズの位置をよく確認しておきましょう．接眼レンズとの位置関係を指で触った感触で覚えておくと良いでしょう．

　携帯はブレないよう両手でしっかり持ちます．軽くささえるように接眼レンズに指をそっとそえると位置の固定がやりやすくなります．あまり力を加えると望遠鏡がブレてしまいますから注意しましょう．

　接眼レンズにピッタリと携帯のレンズ部分を押し当てると固定しやすいですが，狭い視野しか写り込みません．このような時は少し接眼レンズから離します．そうすると，携帯の構えが不安定になりますが，視野全体を見渡せるようになります．ゴム見口の付いている接眼レンズであれば，そこに携帯のレンズ部分を押し当てるとうまくいく場合があります．

　モニター画面に目的対象を捉えることができたら，ブレないように注意しながら

カメラレンズの中心を接眼レンズの中心に合わせて覗かせます．

接眼レンズに指を軽くそえながら，携帯は両手でしっかりホールドします．

69

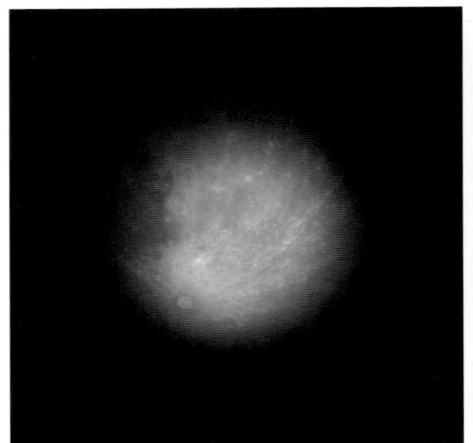

携帯のカメラレンズと接眼レンズが近いと視野の一部しか写りません．

携帯のカメラレンズを接眼レンズからある程度離すと，視野全体を写すことができます．

静かにシャッターボタンを押します．最近はオートフォーカス機能が作動する携帯が多くなっています．

　きれいに撮れたでしょうか．バックが暗い月や惑星の撮影の場合，暗い部分の面積が多いとそちらに露出を合わせようとカメラが判断して，月や惑星の明るい部分を白飛びさせてしまうことがあります．そのような時には，露出補正（明るさ補正）をします．-1, -2とマイナス側つまり暗くする側に設定して撮影してみてください．白く飛んでいる部分の無い適正露出の写真になります．

　しかし，惑星撮影の場合には，暗い夜空にぽつんと惑星があるという状況となり，あまりにも暗い部分が多すぎて，マイナス補正をしても，どうしても惑星が白く飛んでしまう場合がほとんどです．そんな惑星撮影でも，携帯の機種によってはなぜか露出補正をしなくても適正な明るさに撮れるものもあり，携帯に付いているカメ

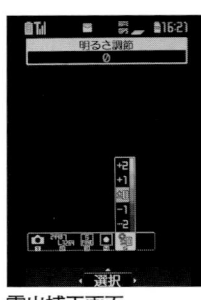

露出補正画面

通常撮影したら露出オーバーになってしまいました．

-1露出補正（明るさ補正）しました．

70

ラの特性がまちまちなのも事実です．もしスポット測光機能の付いたカメラであれば使ってみましょう．スポット測光とは撮影対象に対する狭い範囲の露出を決めるもので，惑星に露出を合わせたい場合に有用です．

慣れてきたらズームも使ってみましょう．一部に光学ズームを搭載した携帯もありますが，ほとんどの携帯に付いているのはデジタルズームのみですので画質は落ちてしまいます．しかし，思いがけず迫力のある写真が撮れたりすることもあり，結構使える機能です．

スポット測光があれば
使ってみましょう．

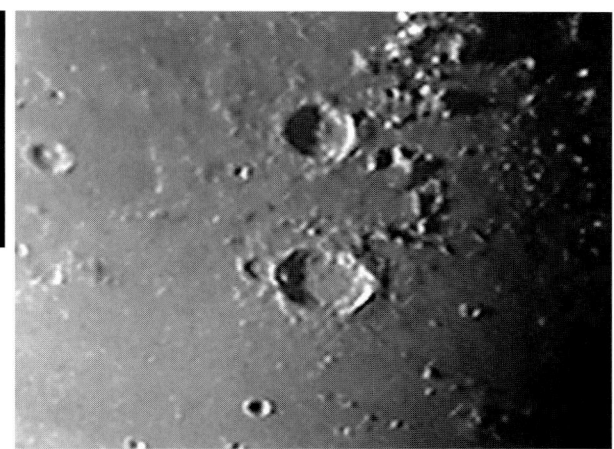

デジタルズームを使用した月面

ワンポイント〈カメラ付携帯アダプターのアイディア〉

カメラ付携帯を天体望遠鏡に取り付けるアイディアです．地震時にテレビや家具などの転倒を防ぐ耐震用ジェルマットを利用しています．塩ビパイプを加工した，接眼レンズへのかぶせ式です．これは岐阜県多治見市にある三の倉市民の里「地球村」の星倶楽部の皆さんが考案しました．このアダプターを使うと素早く撮影ができるため，地球村天文台の観望会では大活躍しています．

耐震用ジェルマットと接眼レンズの径に合った塩ビパイプで製作．

携帯のカメラレンズを穴から覗かせ接眼レンズにかぶせます．

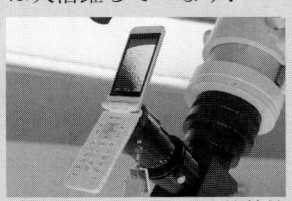

耐震用ジェルマットは粘着性で携帯がくっつきます．

コンパクトデジカメで月・惑星の拡大撮影

カメラ付携帯よりコンパクトデジカメの方がレンズが大きいので，月や惑星の拡大撮影は簡単にできます．デジスコと呼ばれるコンパクトデジカメとフィールドスコープの組み合わせでの野鳥の撮影が人気ですが，それは手軽ながらも高画質の写真が得られるからで，コンパクトデジカメと天体望遠鏡の組み合わせでも手軽に高画質の月や惑星の写真が撮影できます．それでは，コンパクトデジカメでの撮影のコツを解説していきましょう．

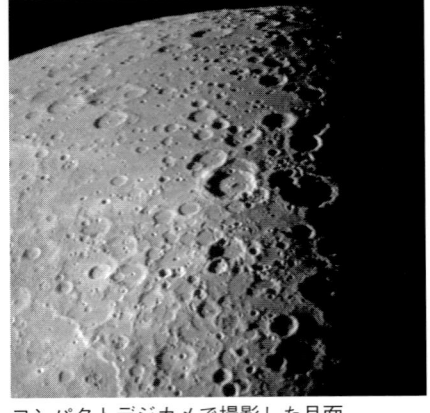

コンパクトデジカメで撮影した月面

カメラ設定と撮影方法

カメラの設定は「通常撮影」モードにします．あるいはカメラによっては「プログラムオート」にします．拡大撮影の場合には特に特別なモードは使いません．昼間通常に撮影する時と同じくカメラにおまかせのオートで撮影ができます．

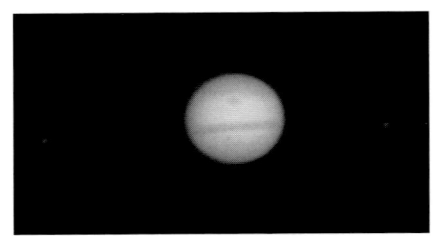

コンパクトデジカメで撮影した木星と衛星

ひとつだけ必ず設定しておかなければならないことがあります．フラッシュ（ストロボ）を「発光禁止」にすることです．発光禁止にしないとオート撮影では夜とみなされてフラッシュが発光してしまう場合があります．フラッシュがたかれると接眼レンズにその光が反射して天体の撮影はできません．

撮影方法は，まずはじめに通常の観望の時と同じく接眼レンズを覗いて月や惑星

撮影モードは「通常撮影」などオートモードで．

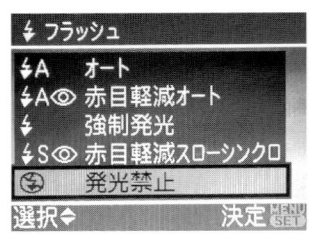

フラッシュ（ストロボ）は必ず発光禁止にします．

発光させてしまうとレンズが光って天体が撮れません．

携帯&コンパクトデジカメで星を撮影しよう

などの目標天体を視野の中央に置いたら，眼視でピントを合わせます．次にカメラのレンズを望遠鏡の接眼レンズに覗かせます．レンズどうしの中心を合わせ，真っ直ぐ傾きなく覗かせることがポイントです．カメラのレンズを接眼レンズにピッタリくっつけると安定し，中心を合わせるための微妙な移動もやりやすくなります．もし，接眼レンズにゴム見口が付いていて，それがデジカメのレンズ径にうまくはまるようなサイズでしたら撮影が楽です．

カメラレンズの中心を接眼レンズの中心に合わせて覗かせます．

　カメラはブレないように両手でしっかり持ちます．指は接眼レンズに軽くそえるとホールドしやすくなります．ただ，力を加え過ぎると望遠鏡が動いたり振動してしまいますから，あくまでもそっと慎重に．特に持ち方に決まりはありませんので，自分なりにやりやすい方法でかまいません．

接眼レンズに指を軽くそえながらデジカメは両手でしっかり持ちます．

　シャッターボタンを半押しし，オートフォーカスでピントが合ったのを確認したら全押ししてシャッターを切ります．もしフォーカス表示がピントの合っていないことを警告してもモニター画面でピントが合っているようでしたら，シャッターを押しましょう．ピントOKのことが多くあります．このような特殊な天体撮影では，カメラによるピントの判断が難しく，特に輪郭のは

コンパクトデジカメを望遠鏡に固定するブラケット

っきりしない惑星の撮影でよくおこります．ブレて写ってしまう場合には，固定撮影で解説したセルフタイマーも使ってみましょう．
　オプションパーツとしてコンパクトデジカメを望遠鏡に固定するブラケットが望遠鏡メーカーから販売されています．長い露出をかけなければならない時には必要になります．
　月・惑星だけでなく明るい二重星も面白い対象です．また，高感度を備えるカメラであれば明るい星雲・星団も撮れてしまいます．

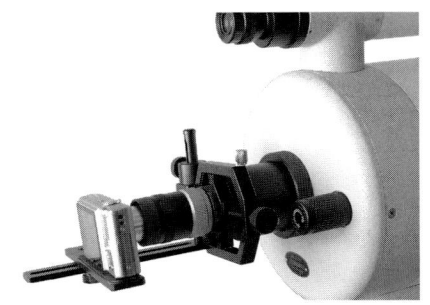

光学ズームとデジタルズーム

　ほとんどのコンパクトデジカメには光学ズームレンズが付いています．望遠鏡の接眼レンズにカメラを覗かせる時，捉えやすくするために，ズームは最も広角側にしておきましょう．ただ，広角側では丸い視野円でケラレてしまいます．視野全体を撮影したい場合にはそれで良いのですが，ケラレなく画面いっぱいに写したい場合には，ズームを望遠側にします．そうすると月のクレーターや小さかった惑星が大きく見栄えがするようになります．しかし，あまり望遠側にすると，望遠鏡やカメラレンズの性能，あるいはシーイングによってはシャープ感のない写真になってしまう場合がありますので注意しましょう．

　多くの機種で望遠側にすればケラレは無くなるのですが，広角と望遠の中間ではケラレは無いのに望遠側端にすると少しケラレの発生する機種があったり，光学12倍ズームなどとうたわれた高倍率ズーム機では，望遠側にしてもケラレが無くならない機種もあります．ケラレの具合は，カメラのレンズだけでなく接眼レンズとの組み合わせによっても変わります．

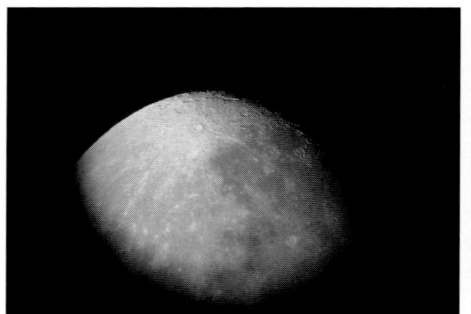

光学ズーム広角側端で撮影した月面
円形にケラレています．

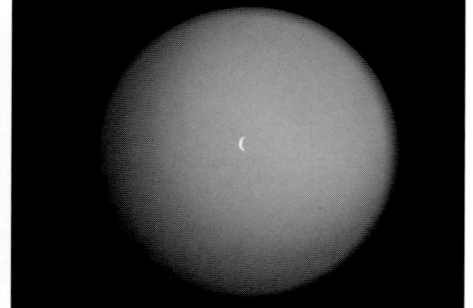

光学ズーム広角側端で撮影した金星
円形にケラレています．

光学ズーム望遠側端で撮影した月面

光学ズーム望遠側端で撮影した金星

デジタルズームも使ってみると面白いアップが撮れます．デジタルズームは画像中央をデジタル的に部分拡大する方法なので，光学ズームに比べ画質は落ちてしまいますが，大きく迫力のある写真になります．大きくする分，ブレも起こりやすくなりますので慎重に撮影してください．

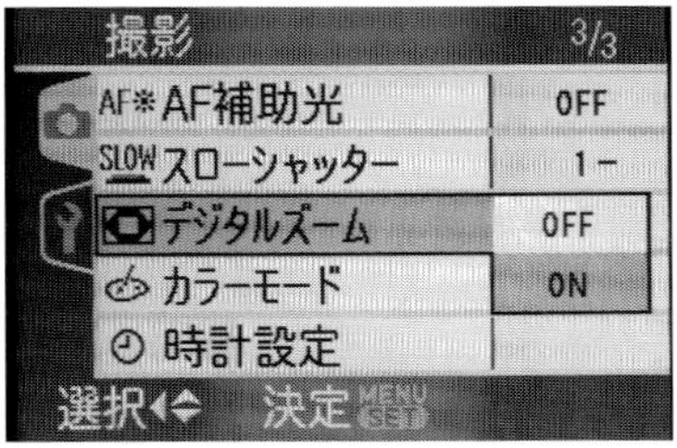

デジタルズームを働かせるには設定をONにします．

デジタルズームで撮影した月面

デジタルズームで撮影した金星

ワンポイント〈見栄えを左右するシーイング〉

　地球の上層大気の影響による星像の見え方のことをシーイングと言います．シーイングの良い時には星像がほとんど動かず，惑星の表面模様などがハッキリと見えます．シーイングが悪い時には，星像は動き回りぼけてしまいます．こんな時はどんなに良い望遠鏡を使ってもうまく写りません．日本ではおおむね夏場シーイングが良く，冬は悪くなります．

シーイングの良い時の土星

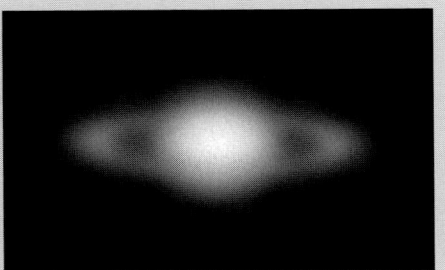

シーイングの悪い時の土星

露出補正

　拡大撮影は暗い夜空をバックに明るい月や惑星を撮影しますので，暗いバックの面積が広い場合には，カメラはそちらにも露出を合わせようとして，月や惑星が露出オーバーになり白飛びしてしまうことがあります．こんな時に露出補正をします．露出補正はプラス側にすると画像が明るくなり，マイナス側にすると暗くなります．月・惑星撮影の場合マイナス補正します．適正露出が得られるまで，補正値を何段階か変えながら撮ってみましょう．

露出補正画面．月・惑星撮影の場合はマイナス補正がほとんどです．

　惑星の場合には，暗い夜空が大きく画面を占めるので，惑星が露出オーバーで白くなりがちです．マイナス露出補正でも間に合わないこともあります．こんな時，スポット測光のあるカメラならば有利です．一部の狭い範囲だけに露出を合わせることができるからです．惑星をこのスポット測光の範囲に置いて撮影します．

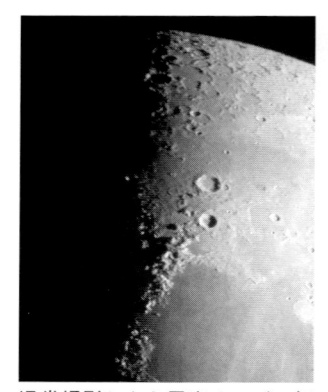

通常撮影したら露出オーバー気味になりました．

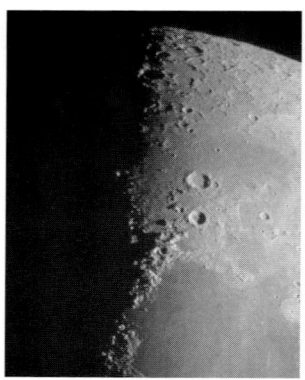

-1露出補正しました．白飛び部分が無くなりました．

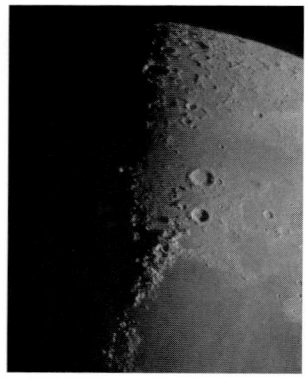

-2露出補正しました．露出不足で暗い月になりました．

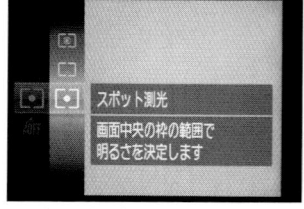

スポット測光ができるカメラでしたら使ってみましょう．月・惑星撮影に有効です．

木星を通常撮影したら露出オーバーになりました．しかし，ガリレオの四大衛星はしっかり写りました．木星に露出を合わせるにはスポット測光を使ってみましょう．

携帯&コンパクトデジカメで星を撮影しよう

写した像の上下左右

　撮影した画像を見て何か違うと気付く方もいると思います．特に月はわかりやすい対象です．空で実際に見えているのとは欠け際が逆！とか海の位置が逆さまとかです．それは，天体望遠鏡を使用しているからで，望遠鏡の接眼部に天頂プリズム（ミラー）が付いているかどうかでも変わります．

　肉眼で見ている時や，双眼鏡やフィールドスコープで見る像は正立像です．これを天体望遠鏡を通して見ると倒立像と言って，上下左右が反対になります．天体の観察は地上を見るのとは違い倒立像になってもあまり支障はありませんから，光学的性能を損なわないという理由で天体望遠鏡は倒立像になっています．したがって望遠鏡で見えている倒立像を撮影しますので，写った画像も倒立像になります．

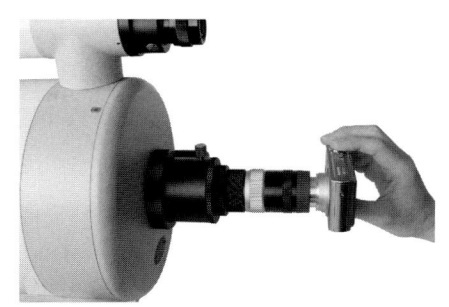

　もうひとつ，天体望遠鏡で見やすい楽な姿勢で観察ができるように天頂プリズム（ミラー）を使用することがあります．直角に光路を曲げて頭上方向を見やすくします．これを付けた天体望遠鏡で見えている像を撮影すると，鏡に映ったような裏像（鏡像）になります．

主焦点で見えている倒立像をコンパクトデジカメで撮影しているところ．

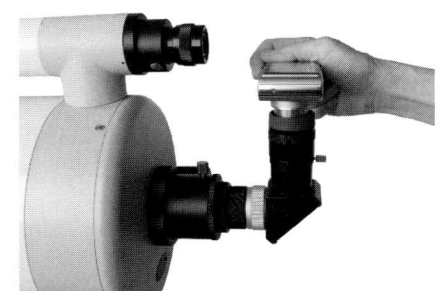

天頂プリズム（ミラー）使用で見えている裏像（鏡像）をコンパクトデジカメで撮影しているところ．

正立像．肉眼で見ている像．双眼鏡やフィールドスコープの像もこれです．

倒立像．天体望遠鏡の主焦点像です．

裏像（鏡像）．天頂プリズム（ミラー）使用の像です．

星雲・星団撮影にチャレンジ

コンパクトデジカメで星雲・星団の撮影

　コンパクトデジカメにも最高感度ISO3200〜6400という高感度で撮影できる機種がたくさんあります．ろうそくのほのかな明かりで撮影したいとか，フラッシュを使わずに室内でも自然な感じに撮影したいという要望に応えるための機能です．明るい星雲・星団に限られますが，この高感度機能によって，コンパクトデジカメでの星雲・星団撮影が現実のものとなりました．しかも手持ち撮影でできるのです．感度を上げることによって，ノイズが増え画像は粗くなってしまいますが，淡い星雲・星団を手軽に撮影できることを考えると，カメラの進歩には隔世の感があります．

コンパクトデジカメによるオリオン大星雲M42 1秒露出．ISO6400．パナソニックLUMIX FX33 高感度モード．ミードLX200-30（口径305mmF10）．ペンタックスXW30接眼レンズ．天頂ミラー使用．手持ち撮影．

準備と必要な撮影機材

　淡い星雲・星団は，口径の大きな天体望遠鏡ほど良く見えます．光をたくさん集められ，分解能も高いからです．コンパクトデジカメでの撮影は，接眼レンズを通して見える像を撮影するわけですから，天体望遠鏡でどのように見えているかが重要で，口径が大きいほど良く見えるということは，口径が大きいほど良く写るということになります．したがって，大口径の天体望遠鏡ほど星雲・星団の撮影には有利になります．口径が大きなものは高価ですから，公共天文台の天体望遠鏡を観望会などの折に先述のようにマナーを守って撮影可能かどうか申し入れてみましょう．

　オリオン大星雲など明るくメジャーな星雲・星団なら，口径が10センチ以下の小型天体望遠鏡でも撮れます．お手持ちの望遠鏡とカメラでどこまで撮れるか，是非チャレンジしてみてください．

口径20センチ天体望遠鏡

口径40センチ公共天文台望遠鏡

カメラ設定と撮影方法

　カメラ設定は高感度が使えるモードにします．パナソニックのLUMIXシリーズには「高感度」モードがあり，ISO感度6400という超高感度撮影ができます．キヤノンのIXYシリーズでもプログラムオート（機種によってはシャッター速度優先オートも使えます）で，ISO1600あるいは3200（機種によります）の感度設定で1秒露出が可能です．マニュアルモードの無いモデルでは，高感度に設定した場合，最長1秒露出止まりの機種がほとんどですが，手持ち撮影の時の手ブレを考えると，これくらいのシャッター速度で適当でしょう．

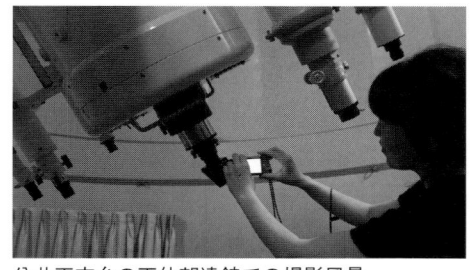

公共天文台の天体望遠鏡での撮影風景

撮影モードは高感度が使えるモードに設定

　撮影方法は月・惑星撮影と同じです．ただし星雲・星団は暗いですから，カメラの液晶モニターではその存在がわからないかもしれません．また，多少ブレて写ることが圧倒的に多くなります．天体がきちんと中央にあり，しかも星を点像に写すためには，何回もシャッターを切って良い画像を選択しましょう．

　明るい月や惑星と違って星雲・星団は大変淡くかすかな天体ですから，その撮影は夜空の暗さや透明度に大きく影響されます．空が良くないときれいに撮れません．

コンパクトデジカメによる球状星団M3
1秒露出．ISO6400．パナソニックLUMIX FX33高感度モード．40センチカセグレン（口径400mmF10）．タカハシLE30接眼レンズ．天頂ミラー使用．手持ち撮影．愛知県旭高原元気村天文台にて．

コンパクトデジカメによる惑星状星雲M57
1秒露出．ISO6400．パナソニックLUMIX FX33高感度モード．40センチカセグレン（口径400mmF10）．タカハシLE30接眼レンズ．天頂ミラー使用．12枚コンポジット．手持ち撮影．愛知県旭高原元気村天文台にて．

コンパクトデジカメの「高感度」モードでの星雲・星団撮影は眼視に近い感じの明るさに写ります．解像度に難はありますが，観望会で撮って見せると見た感じが出ていてレクチャーにいいかもしれません．眼視で見えている天体ならば写る可能性は高いです．しかし，眼視で見辛い天体を写すことは難しくなります．

　コンパクトデジカメだけでなく，高感度モードのあるカメラ付携帯でも星雲・星団が撮れます．大型の天体ならば双眼鏡に覗かせたりして撮影してみるのもおもしろいでしょう．

カメラ付携帯によるプレアデス星団M45
1秒露出．ISO800．SHARP SH-01B．ミヤウチBJ-100双眼鏡（口径100mm20倍）．手持ち撮影．撮影：上野実希．

カメラ付携帯によるオリオン大星雲 M42
1/2秒露出．ISO3200．NEC N05B．高感度モード．タカハシμ-180ドール・カーカム（口径180mm F12）．ミードPL26接眼レンズ．手持ち撮影．

ステップアップ〈マニュアルモード付ハイエンドモデルによる星雲・星団〉

　マニュアルモードで撮影できるコンパクトデジカメは，ISO感度を高くすると同時に露出時間も長くすることができ，天体の撮影に向いています．明るくメジャーな星雲・星団だけでなく，大変淡い星雲・星団の撮影も可能となります．長時間露出をするために，手持ち撮影は無理ですから，カメラを望遠鏡の接眼部に固定し，赤道儀で追尾します．

13センチ反射望遠鏡にハイエンドコンパクトデジカメを取り付けた加藤 智さんのシステム．ネジの切られた接眼レンズの見口にステップアップリングでデジカメを固定しています．

ハイエンドコンパクトデジカメによる系外銀河M51
2分露出．ISO400．リコーGX100 マニュアルモード．タカハシMT-130反射（口径130mmF6）．カサイWA14接眼レンズ．EM-2赤道儀で自動追尾．撮影：加藤 智．

デジタル一眼レフカメラで星を撮影しよう

〈作　　例〉

オーロラ
カナダ・イエローナイフにて．固定撮影．キヤノンEOS5D MarkⅡ．
ペンタックスSMCタクマー17mmF4．20秒露出．ISO5000．JPG．2010年9月7日01時10分（現地時間）．

［デジタル一眼レフで朝夕に輝く月や惑星を撮ろう］

昇る月（日の入り前，月齢13）
三重県志摩にて．手持ち撮影．キヤノンEOS Kiss Digital．ペンタックスSMCタクマー200mmF4．1/60秒露出．ISO100．JPG．2004年12月25日16時26分．

月・土星・火星・金星と国宝犬山城
固定撮影．キヤノンEOS Kiss X4．キヤノンEF-S18-55mmF3.5-5.6IS→18mmF3.5．1.6秒露出．

月・金星の接近
名古屋市にて．手持ち撮影．キヤノンEOS Kiss X4．キヤノンEF-S18-55mmF3.5-5.6IS→18mmF3.5．1/15秒露出．ISO800．RAW．2010年5月16日19時22分．

金星
ハワイ・マウイ島ハレアカラ山頂にて．固定撮影．キヤノンEOS Kiss Digital N．シグマ17-70mmF2.8-4.5→17mmF4．7秒露出．ISO400．RAW．2007年3月18日19時25分（現地時間）．

早朝の月（月齢27）
愛知県茶臼山高原にて．キヤノンEOS Kiss X4．キヤノンEF-S18-55mmF3.5-5.6IS→55mmF5.6．0.6秒露出．ISO400．RAW．2010年10月6日05時10分．

沈む月
愛知県尾張旭市にて．固定撮影．キヤノンEOS Kiss X4．ペンタックスSMCタクマー200mmF4→5.6．2秒露出．ISO400．RAW．2010年7月23日01時48分．

朝の沈むシリウス
愛知県尾張旭市にて．固定撮影．キヤノンEOS Kiss Digital N．ペンタックスSMCタクマー200mmF4→5.6．1秒露出．ISO200．RAW．2006年12月11日06時21分．

早朝の木星・月（月齢27）・金星
愛知県尾張旭市にて．固定撮影．キヤノンEOS Kiss Digital．ペンタックスSMCタクマー55mmF1.8→2.8．2秒露出．ISO400．RAW．2004年11月10日04時42分．

[デジタル一眼レフで星座を撮ろう]

夏の天の川
長野県開田高原にて．固定撮影．キヤノンEOS5D MarkⅡ．シグマ24mmF1.8→F2.8．30秒露出．ISO3200．RAW．2010年6月4日23時37分．

柿の木とオリオン
愛知県尾張旭市にて．固定撮影．キヤノンEOS Kiss X4．キヤノンEF-S18-55mmF3.5-5.6IS→30mmF4.5．
10秒露出．ISO800．JPG．コッキン無色ディフューザー083使用．2010年11月27日22時21分．

桜とうしかい座
愛知県旭高原にて．固定撮影．キヤノンEOS Kiss Digital N．シグマ17-70mmF2.8-4.5→17mmF2.8．
92秒露出．ISO400．RAW．ストロボ発光．2006年4月25日02時14分．

滝と秋の天の川
福井県龍双ケ滝にて．固定撮影．キヤノン
EOS5D MarkⅡ．シグマ24mmF1.8→F2.8．
1分露出．ISO2500．RAW．滝にLEDライト
照射．2010年11月6日18時13分．

しし座流星群の流星と流星痕
愛知県豊田市にて．固定撮影．キヤノンEOS5D MarkⅡ．シグマ24mmF1.8→F2.8．45秒露出．
ISO1600．RAW．2009年11月18日05時09分．

花火とさそり座
愛知県岡崎市にて．固定撮影．キヤノンEOS Kiss X4．キヤノンEF-S18-55mmF3.5-5.6IS→18mmF3.5．2秒露出．ISO800．JPG．2010年8月7日20時12分～31コマを比較明合成．

水田と夏の天の川
愛知県豊田市にて．固定撮影．キヤノンEOS5D MarkⅡ．シグマ24mmF1.8→F2.8．30秒露出．ISO2000．RAW．2010年5月13日23時57分．

ホタルと日周運動
長野県辰野町にて．固定撮影．キヤノンEOS5D MarkⅡ．シグマ24mmF1.8→F4．1分露出．ISO400．RAW．2010年6月24日00時46分〜4コマを比較明合成．

天文台と秋から冬の天の川
愛知県旭高原にて．固定撮影．キヤノンEOS Kiss Digital N．シグマ8mmF4．2分露出．ISO800．RAW．2007年11月17日22時57分．

東京タワーと織姫星・彦星
固定撮影．キヤノンEOS Kiss X4．キヤノンEF-S18-55mmF3.5-5.6IS→18mmF4.5．4秒露出．
ISO100．JPG．2010年8月17日22時54分〜 57コマを比較明合成．

カシオペヤ座・アンドロメダ座の日周運動
愛知県尾張旭市にて．固定撮影．キヤノンEOS Kiss X4．キヤノンEF-S18-55mmF3.5-5.6IS→
18mmF5.6．10秒露出．ISO400．JPG．2010年8月4日21時20分〜 88コマを比較明合成．

[デジタル一眼レフで月・惑星の拡大撮影]

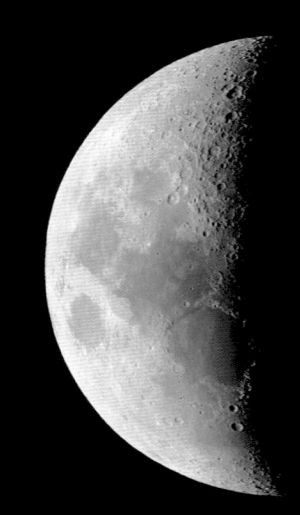

月（月齢7）
拡大撮影．キヤノンEOS Kiss Digital Nボディ．絞り優先AE．1/50秒露出 -1/3露出補正．ISO100．JPG．タカハシTOA-150屈折（口径150mm F7.3）．タカハシ1.6倍エクステンダーレンズ．2005年11月8日18時12分．

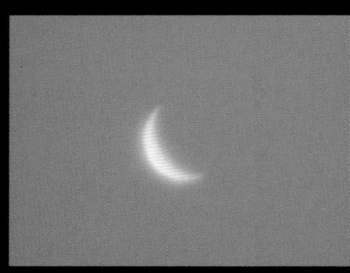

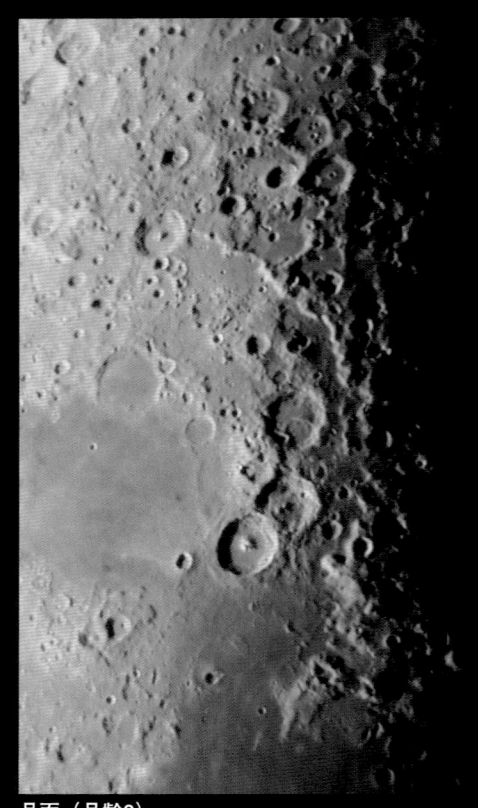

月面（月齢6）
拡大撮影．キヤノンEOS Kiss X4ボディ．絞り優先AE．1/13秒露出 -2/3露出補正．ISO800．タカハシμ-180ドール・カーカム（口径180mm F12）．タカハシOr25接眼レンズ．2010年9月14日19時26分．

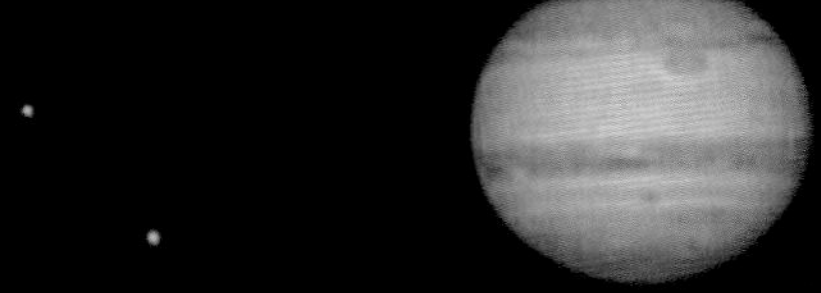

昼間の金星
拡大撮影．キヤノンEOS Kiss X4ボディ．絞り優先AE．1/60秒露出．ISO500．JPG．タカハシμ-180ドール・カーカム（口径180mm F12）．タカハシOr12.5接眼レンズ．2010年10月1日14時47分．

木星
拡大撮影．ニコンD5000ボディ．動画撮影．タカハシμ-180ドール・カーカム（口径180mm F12）．タカハシOr12.5接眼レンズ．2010年9月21日23時07分．動画から900コマをコンポジット．

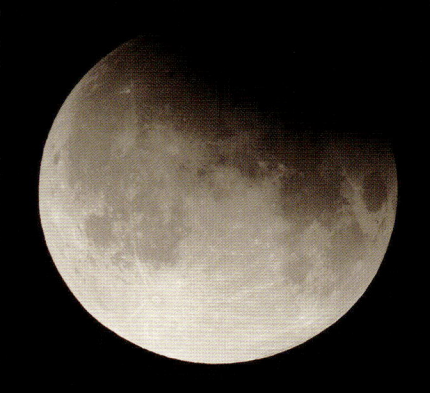

部分月食
拡大撮影．キヤノンEOS Kiss Digital Nボディ．絞り優先AE．1/25秒露出-2/3露出補正．ISO100．JPG．タカハシFCT-100屈折（口径100mm F6.4）．タカハシ1.6倍エクステンダーレンズ．2006年9月8日03時50分．

皆既月食
直焦点撮影．キヤノンEOS Kiss Digital Nボディ．マニュアル．5秒露出．ISO400．タカハシFCT-150屈折（口径150mm F7）．2007年8月28日20時16分．愛知県旭高原元気村天文台．

皆既日食時の部分日食
トルコ・アンタルヤにて．直焦点撮影．キヤノンEOS Kiss Digital Nボディ．マニュアル．1/500秒露出．ISO100．タカハシFC-50屈折（口径50mm F8）．アストロソーラーフィルター（眼視用）使用．2006年3月29日12時55分（現地時間）．

皆既日食時のコロナ
トルコ・アンタルヤにて．直焦点撮影．キヤノンEOS Kiss Digital Nボディ．マニュアル．1/1000秒〜4秒露出．ISO100．タカハシFC-50屈折（口径50mm F8）．2006年3月29日13時54〜55分（現地時間）．多段階露出を合成．

[デジタル一眼レフで追尾撮影]

夏の大三角
愛知県豊田市にて．追尾撮影．キヤノンEOS Kiss Digital N．シグマ17-70mmF2.8-4.5→17mmF4．5分露出．ISO400．RAW．タカハシEM-200赤道儀．2006年5月3日03時38分．

冬の天の川
愛知県茶臼山高原にて．追尾撮影．キヤノンEOS5D MarkⅡ．ペンタックスSMCタクマー17mmF4．2分露出．ISO1600．RAW．タカハシEM-200赤道儀．2010年10月6日04時38分．

ブラッドフィールド彗星とM31
愛知県茶臼山高原にて．追尾撮影．キヤノンEOS Kiss Digital．ペンタックスSMCタクマー55mmF1.8→2.8．4分露出．ISO400．RAW．タカハシEM-200赤道儀．2004年4月29日03時17分．

アンドロメダ銀河M31
愛知県茶臼山高原にて．追尾撮影．キヤノンEOS5D MarkⅡ．ペンタックスSMCタクマー200mmF4．2分露出．ISO1600．RAW．タカハシEM-200赤道儀．2010年10月6日02時24分．

M8・20
愛知県茶臼山高原にて．追尾撮影．キヤノンEOS Kiss Digital 赤外改造．4分露出．ISO400．RAW．タカハシFCT-100屈折（口径100mm F6.4）．レデューサーF4.6．タカハシEM-200赤道儀．2005年5月4日02時06分〜3コマをコンポジット．

プレアデス星団 M45（すばる）
愛知県茶臼山高原にて．追尾撮影．キヤノンEOS Kiss X4．2分露出．ISO1600．RAW．タカハシFCT-100屈折（口径100mm F6.4）．レデューサーF4.6．タカハシEM-200赤道儀．2010年10月6日03時29分〜5コマをコンポジット．

デジタル一眼レフカメラで星を撮影しよう

星空と風景両方撮る「固定撮影」

カメラを三脚に固定して星空を写す固定撮影は，最も手軽な天体撮影方法です．印象的な地上の景色に美しい星空が輝いていたら是非狙ってみましょう．ポイントをつかめば難しくありません．コンパクトデジカメは設定に制約がありますが，デジタル一眼レフは様々な設定ができ天体撮影には最適です．

準備と必要な撮影機材

デジタル一眼レフでの固定撮影には，できるだけしっかりとしたカメラ三脚を用意しましょう．長時間露出をする天体の撮影では重要な点です．弱い三脚では風が吹くと星が揺れて写ってしまいます．ただ，天体撮影用には搭載重量に余裕があった方がいいのですが，あまり大きくて重いと持ち運びが億劫になってしまい，気軽な固定撮影といかなくなってしまいますので，カメラ相応の三脚を選びます．エントリーモデルのデジタル一眼レフは，軽量化されていて三脚も比較的軽量なので大丈夫なので，旅行のお供にもうってつけでしょう．

カメラ相応かつ丈夫な三脚を選びます．

構図を決める雲台（うんだい）部分は，パーン棒で操作するタイプの2ウェイ式・3ウェイ式が一般的です．水平垂直をじっくり決めたい場合には3ウェイ式が良いでしょう．ボールによって自在に向きが変えられ，ひとつのツマミで固定できる自

水平垂直が決めやすい3ウェイ雲台

由雲台もあります．脚部に干渉するパーン棒が無いため，天頂付近の構図決めが楽です．

天体撮影のスローシャッターや長時間露出時は，直接シャッターボタンを押すとブレてしまいますのでリモコンを使います．リモートスイッチとかリモートコードなどの名称で市販されています．プラグの形状がカメラのメーカーや機種によって違いがありますので，間違って購入しないよう対応機種には注意しましょう．

レンズフードは天体撮影において，必ず装着したいアイテムです．横から入ってくる迷光の防止になるのはもちろんのこと，夜露対策にもなります．

一晩中撮影する時には，バッテリー1個では足らない場合がありますので予備バッテリーを用意しておきましょう．冬場や寒冷地では電圧降下によりバッテリーの消耗が早くなりますので，備えあれば憂い無しです．冬には予備バッテリーを人肌に近いポケットに入れていると，消耗時間が稼げます．

露出30秒までは「マニュアル」モードで設定できますが，それより長い時間シャッターを開けるバルブ撮影をする時には，露出時間を正確にするためにキッチンタイマーを使いましょう．露出時間を設定してシャッターボタンを押すと同時に，キッチンタイマーのスタートボタンも押します．露出終了時間を音で知らせてくれますから暗闇でも便利です．

天体撮影では夜露によるレンズの結露は大きな問題です．長時間，屋外で撮影していると，夏から秋には結露の生じることがほとんどです．冬は乾燥していて結露しないこともありますが，湿度の高い夜や撮影場所によっては霜が付くことがあります．レンズフードのみで防ぐことができない

ひとつのツマミを緩めるだけで方向が変えられる自由雲台

リモートスイッチ．ブレ防止に必要です．

レンズフード．天体撮影には必需品です．

長時間の撮影には予備バッテリーを用意しましょう．

夜露や霜は，レンズにカイロやヒーターを取り付けることで防ぐことができます．

　携帯性も考慮すると灰式カイロが最適です．スティック状の灰1本で一晩持ちます．カメラ量販店や天体望遠鏡専門店で売っています．使い捨てカイロは，一度冷えてしまうと暖かさが戻りませんので，レンズの結露防止にはなりません．

　充電式のエネループカイロも結露防止用に効果があります．ただし，周囲の温度にもよりますが，使用時間が満充電から数時間で終わってしまいます．長時間の撮影には何個か必要となります．

　カイロのレンズへの取り付けは，幅広ゴムバンドやナイロンストッキングなどを利用します．冬場は保温性の良いもので巻きつけると効果があります．

キッチンタイマー．音で露出の終了を知らせてくれて便利です．

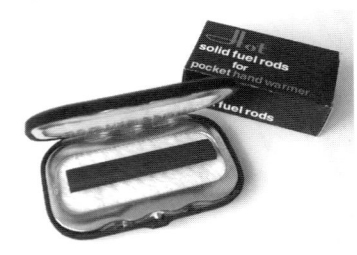

灰式カイロ．天体撮影用には最適です．

充電式のエネループカイロ

フリースマフラーでレンズにカイロを巻きつけています．

ステップアップ
〈 長時間露出にはタイマーリモートコントローラ 〉

　タイマーリモートコントローラは1秒以上の長時間露出設定やインターバル撮影の設定ができて，天体撮影が大変楽になります．カメラメーカー製の他にサードパーティ製のタイマーリモコンも発売されています．カメラのメーカーや機種によってプラグの形状に違いがありますので，対応機種には注意しましょう．

デジタル一眼レフで朝夕に輝く月や惑星を撮ろう

撮影方法

　朝夕の撮影では、橙から紺碧へのグラデーションが美しい空、そこに浮かぶ月や惑星を狙いたいものです。そんな光景を写真に収めるには、夕方なら日の入り30分後の西の空、朝方なら日の出30分前の東の空、このあたりの時間帯が最も月や惑星の輝きとマッチします。

　偶然出会った三日月や金星を撮影するのもいいのですが、今度いつ三日月になるのかとか宵の明星が見える時期はいつなのかがわかれば、事前に撮影計画がたてられます。そのためには天文雑誌で星空情報を読んだり、天文シミュレーションソフトで調べたりしましょう。インターネットの国立天文台 天文情報センター 暦計算室のホームページ（http://www.nao.ac.jp/koyomi/）でも、日の出、日の入り時刻、月齢、惑星や星座の見え方を知ることができます。

　-4等の金星と-2等の木星は、大変明るく残照の時間帯でも写ります。それ以外の惑星（-2等前後になる地球接近時の火星は除きます）は条件にもよりますが、だいたい日の入り1時間くらいはたたないとその存在がはっきりしてきません。でも、デジタル一眼レフでは露出を自由に変えられますので、空がある程度暗くなってから露出時間を長くして写すことができます。

　撮影の実際は、カメラを三脚に載せて、ピントを合わせ、構図を決めたら、リモコンでシャッターを切ります。風景写真と同じです。ただ、薄明中から夜の撮影ということで、カメラ設定を少し天体撮影向きにします。次のページから、デジタル一眼レフの代表的エントリーモデルであるキヤノンEOS Kiss X4とニコンD5000それぞれのお手軽撮影カメラ設定を解説します。設定の内容は、他のカメラメーカーの機種でも参考にしていただけると思います。

月と金星の接近

構図を決め、リモコンでシャッターを切ります。

カメラ設定　キヤノンEOS Kiss X4

　EOS Kiss X4はEOS KissシリーズとしてKiss Digitalから続くキヤノンデジタル一眼レフの人気エントリーモデルです．シリーズ当初から長時間露出時のノイズが少ない天体撮影に適したカメラとして天体写真愛好家から高い支持を得ています．ここでは，EF-S18-55ISレンズキットを使用します．

　日の入り後，日の出前の空は，明るさと色が見る見るうちに変化していきます．こんな空はオート露出にまかせてしまうのが一番です．シャッター速度と絞りをカメラが判断してくれるプログラムAEを使います．EOS Kiss X4では夜景モードが無く，風景モードではISO感度がオートのみで夕空の撮影では高感度に自動設定され，画像が粗くなってしまう場合がありますので使いません．

　それでは薄明の時間帯に撮影するためのカメラ設定です．操作の詳細はカメラの取扱説明書をご覧下さい．

キヤノンEOS Kiss X4
EF-S18-55ISレンズキット

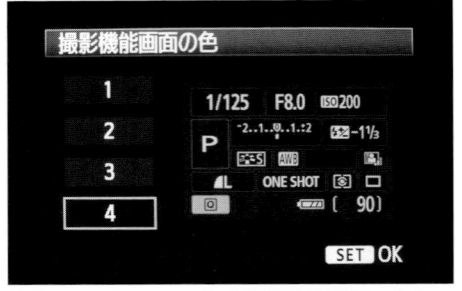

液晶モニターカラーを「撮影機能画面の色」で変えることができます．夜の撮影では明るい色は眩しく感じますから，目にやさしい黒に設定しましょう．

モードダイヤルを「P」（プログラムAE）にします．カメラがシャッター速度と絞りを自動的に設定してくれます．

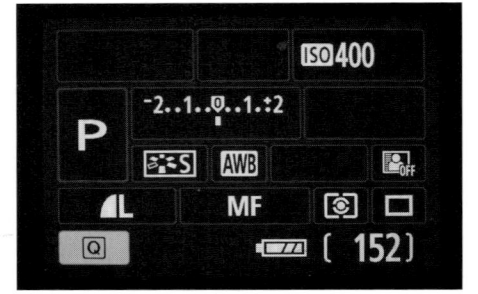

液晶モニターの撮影機能の設定画面に「P」が表示され，プログラムAEになっていることを確認しましょう．

デジタル一眼レフカメラで星を撮影しよう

ISO感度は400前後にします。ISO100ですと露出時間が長くなり日周運動で月や星が移動して写ることがありますし、ISO感度を高くすると画質が粗くなってしまいます。朝夕の空に明るさのある時間帯はISO400前後が適当でしょう。

ホワイトバランスは「オート」か「太陽光」にします。オートで問題の無い色に撮影できますが、何らかの状況の変化で空の色が撮影のコマごとに若干変わってしまうことがあります。これを好まない方は「太陽光」にしましょう。

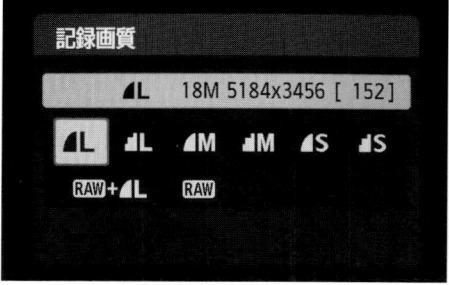

記録画質は「L」か「RAW」にします。「L」はJPEG（ジェイペグ）というほとんどのデジタルカメラで使われている一般的なファイル形式で保存されます。「RAW」はパソコンで画像の加工が可能な形式です。詳細はP111で解説しています。

オートライティングオプティマイザは暗く写ってしまうような場面で明るさとコントラストを自動補正してくれる機能ですが、グラデーションが繊細な朝夕の撮影ではノイズが増えることがありますので「しない」にします。

測光モードは通常の撮影でもよく用いる「評価測光」で良いでしょう。もし、目で見た印象と違った明るさに写った場合には露出補正をします。

明るく写った場合にはマイナス側に、暗く写った場合にはプラス側に露出補正します。パソコンのモニターで表示した時にカメラの液晶モニターと違って見えることもありますから、補正量を何段階か変えて撮っておきましょう。

103

カメラ設定　ニコンD5000

　D5000はエントリーモデルにしてバリアングル液晶モニターを採用したカメラです．ローアングルやハイアングルでの撮影に有利な機構ですが，上を見上げることの多い天体撮影でも有効なモニターです．ここでは，AF-S DX NIKKOR 18-55 VRレンズキットを使用します．

　日の入り後，日の出前の空は，明るさと色が見る見るうちに変化していきます．こんな空はオート露出にまかせてしまうのが一番です．D5000には夜景モードがありますが，ここではプログラムオートを使います．そして，撮影結果がすぐに見られるのがデジタルカメラの利点ですから，液晶モニターに映った再生画像と実際に見えている感じが違うと思ったら露出補正で対応しましょう．

　それでは薄明の時間帯に撮影するためのカメラ設定です．操作の詳細はカメラの取扱説明書をご覧下さい．

ニコンD5000
AF-S DX NIKKOR 18-55 VRレンズキット

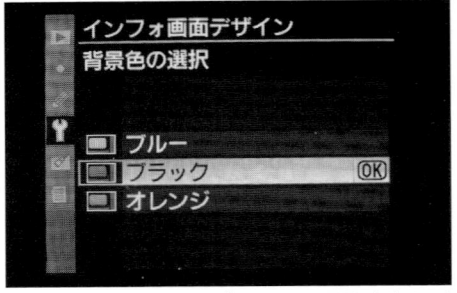

液晶モニターカラーを「インフォ画面デザイン」で設定できます．夜の撮影では明るい色は眩しく感じますから，ブラックに設定すると目にやさしくなります．

モードダイヤルを「P」（プログラムオート）にします．カメラがシャッター速度と絞りを自動的に設定してくれます．

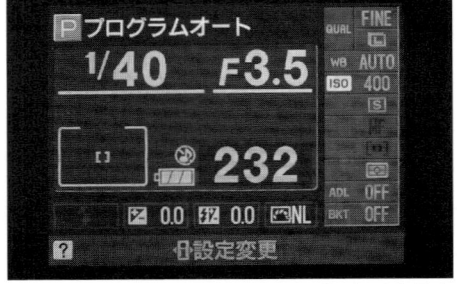

液晶モニターのインフォ画面に「P」が表示され，プログラムオートになっていることを確認しましょう．

デジタル一眼レフカメラで星を撮影しよう

空に明るさのある時間帯は、ISO感度は400前後にします。LO1（ISO100相当）ですと露出時間が長くなり日周運動で月や星が移動して写ることがありますし、ISO感度を高くすると画質が粗くなってしまいます。任意の感度にするためには感度自動制御をOFFにします。

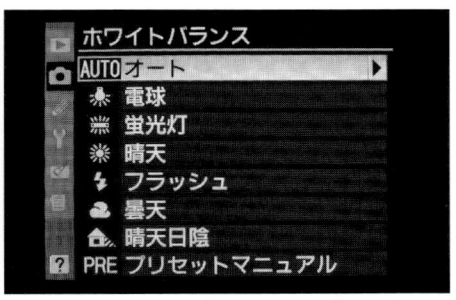

ホワイトバランスは「オート」か「晴天」にします。オートで問題の無い色に撮影できますが、何らかの状況の変化で空の色が撮影のコマごとに若干変わってしまうことがあります。これを好まない方は「晴天」にしましょう。

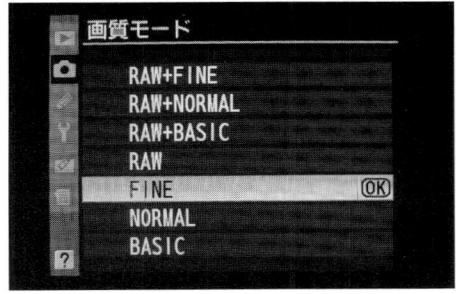

画質モードは「FINE」か「RAW」にします。「FINE」はJPEG（ジェイペグ）というほとんどのデジタルカメラで使われている一般的なファイル形式で保存されます。「RAW」はパソコンで画像の加工が可能な形式です。詳細はP115で解説しています。

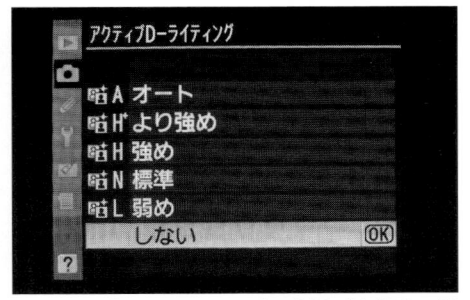

アクティブD-ライティングは白飛びを抑え、黒つぶれを軽減する効果がありますが、高感度を使用し、グラデーションが繊細な朝夕の撮影ではノイズが増えることがありますので「しない」にします。

測光モードは通常の撮影でもよく用いる「マルチパターン測光」で良いでしょう。もし、目で見た印象と違った明るさに写った場合には露出補正をします。

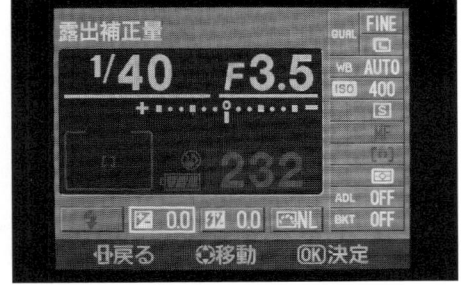

明るく写った場合にはマイナス側に、暗く写った場合にはプラス側に露出補正します。パソコンのモニターで表示した時にカメラの液晶モニターと違って見えることもありますから、補正量を何段階か変えて撮っておきましょう。

105

ピントの合わせ方 - オートフォーカスを使おう

　天体撮影のピントは無限に合わせます．しかし，キヤノンEOS Kiss X4やニコンD5000のキットレンズには距離目盛りや無限マークはありません．そこで，月はもちろんのこと金星は明るいのでオートフォーカスでピントを合わせることにします．

　中央のAFフレーム（キヤノンの名称，ニコンはフォーカスポイントと呼びます）を選択しておき，そこへ月か金星を合わせシャッターボタンを半押しすると，ピント合わせが行なわれます．月と金星以外の星は暗くて，ピント合わせに使うことは難しくなります．

　他の対象でオートフォーカスをするには，遠くの街灯など人口灯火を使います．30mm以下の広角レンズなら数十メートル先の目標で無限遠が出ます．できれば遠いほど確実です．ピントは撮影画像を拡大再生して合っているか確認しましょう．

　ピント合わせが終わったら，フォーカスモードスイッチをマニュアルフォーカスに切り替えて，以後オートフォーカスが働かないようにします．

　再度ズーム操作を行なったらピントを合わせ直して下さい．ズーム操作でピントがズレることがあります．

月と金星はオートフォーカスでピント合わせができます．あるいは遠くの街路灯などを使いましょう．

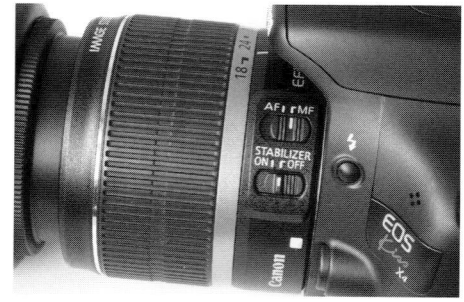

ピントを合わせたらフォーカスモードスイッチをMFにします．

距離目盛りと無限マークの付いたレンズもあります．

夕空の時間経過による写り方の違い - 西の空の三日月

　この3枚の写真は三日月が西の空に沈んでいく光景です．露出条件を同じにして10分間隔で撮影しています．月と夜景の明るさは変わりませんが，短時間の間にどんどん空の明るさが変化していくのがわかります．カラーで見ると色も変わり，地平近くの空は明るい橙色から時間とともにだんだん暗くなっていきます．日の入り，日の出の頃は時間経過による空の明るさと色の変化が早いので，露出補正もしながらたくさん撮るようにしましょう．

日の入り40分後に撮影．日の入り30分後頃から美しい夕空と月や金星の共演が始まります．

日の入り50分後に撮影．僅かな時間の違いであたりは暗くなり，空の雰囲気も変わります．

日の入り1時間後に撮影．かなり暗くなりました．ただ，まだ薄明は終わっていませんので，露出を長くすると地平近くは橙色を帯びて写ります．

夕空の時間経過による写り方の違い - 東の空の満月

　東の空から昇る満月を撮影する時、できれば、日の入り後の明るさがまだ十分残っている地上の風景と満月の表面模様とを捉えたいものです。しかし、それが可能な時間はあまり長くありません。日の入り後、風景の明るさは刻々と変化します。満月と風景どちらにも露出の合った適正な時間から10分もすると、満月に露出を合わせれば風景が暗くなり、風景に露出を合わせると満月が白く飛んでしまいました。

日の入り16分後に撮影。満月と明かりの灯った夕景両方に露出が合いました。

日の入り27分後に撮影。満月に露出を合わせると月の表面模様はわかりますが、風景が暗くなってしまいました。

日の入り27分後に撮影。風景が明るくなるよう露出補正をしましたが、満月は白く飛んで表面模様がわからなくなりました。

デジタル一眼レフで星座を撮ろう

撮影方法

　薄明も終わり，あたり一面闇に包まれると無数の星が輝き始めます．日本ではだいたい日の入り1時間半後から日の出1時間半前までが暗夜で，星々を撮影する時間帯になります．でも，街中で撮影すると，暗い星は街明かりに照らされた明るい空に埋もれてしまいます．月明かりがあっても同じです．街明かりになるべく影響されない田舎で，新月に近い頃，あるいは月が沈んでからか，月の出前が本当の暗夜で星座や天の川を撮影するチャンスです．

　暗い空でのピント合わせや構図決めは，まだ明るさの残る薄明中より難しくなります．カメラのファインダーを通すと1等星くらいまでの明るい星しか見えないからです．星座をきっちりフレーム内に収めたい場合などには，見ることができる明るい星をたよりに構図を取ります．そして，撮影画像を再生して意図に合わなければ構図の修正を行ないます．

　カメラを上の方へ向ける時に，雲台のパーン棒が脚部に当たってしまうことがあります．そんな時はパーン棒が前にくるようにカメラを取り付けます．ただし，超広角レンズや魚眼レンズではパーン棒が写り込んでしまい，この方法が使えないことがあります．

　まず，カメラ設定を天体撮影用にします．次のページからデジタル一眼レフの代表的エントリーモデルであるキヤノンEOS Kiss X4とニコンD5000それぞれのカメラ設定を解説します．設定の内容は，他のカメラメーカーの機種でも参考にしていただけると思います．

構図を決め，リモコンでシャッターを切ります．

カメラを上へ向けたい時，パーン棒を前へ取り付けます．

夏の天の川

カメラ設定　キヤノンEOS Kiss X4

　星座や天の川を撮影するためには，長時間露出ができなければなりません．EOS Kiss X4は長時間露出時や高感度時のノイズが少なく，エントリーモデルの中でも天体撮影に最適な機種のひとつです．

　暗夜の星空撮影では，シャッターを開けっ放しにする「BULB」（バルブ）撮影を行ないます．マニュアル露出モードから「BULB」の設定をします．

　ここではEF-S18-55ISレンズキットを使用しますが，キットレンズながら大変優秀なレンズです．

　それでは暗夜の星空を撮影するためのカメラ設定です．

キヤノンEOS Kiss X4
EF-S18-55ISレンズキット．
三脚に載せ，リモコンを取り付けています．

モードダイヤルを「M」（マニュアル露出）にします．マニュアル露出モードはシッター速度と絞りを手動で設定します．

液晶モニターの撮影機能の設定画面に「M」が表示されます．シャッター速度を「BULB」にします．

すっかり暗くなった時間帯の星空撮影ではISO感度800前後が適当です．ノイズは多くなってきますがISO3200までは実用範囲と考えて良いでしょう．月明かりがあったり，街明かりで夜空が明るかったりする場合にはISO感度を低めにしましょう．

デジタル一眼レフカメラで星を撮影しよう

ホワイトバランスは「オート」か「太陽光」にします。オートでは何らかの状況の変化で空の色が撮影のコマごとに若干変わってしまうことがあります。これを好まない方は「太陽光」にしましょう。

記録画質は「L」か「RAW」あるいは「RAW」＋「L」にします。「L」の場合，JPEG（ジェイペグ）というほとんどのデジタルカメラで使われている一般的なファイル形式で保存されます。「RAW」はパソコンで画像の加工が可能な形式です．

ステップアップ 〈RAWで撮ってパソコンで画像調整〉 EOS Kiss X4

　デジタルカメラで一般的に使われているJPEG（ジェイペグ）というファイル形式は，撮影後，メモリーカードに保存される時点で，明るさやホワイトバランスなどがカメラ設定通りに記録され，後のパソコンでの画像調整であまり融通が利きません．しかし，RAW（ロウ）形式で保存しておくと，パソコンでの画像調整で画質をあまり損なわず明るさ（露出補正）やホワイトバランスを変えることができます。特に暗夜の天体写真の場合にはその特殊性から，夜空の色が適切に表現されない場合があります。そんな時，ホワイトバランス調整で夜空の背景の色が自然に見えるような色にしたり，ニュートラルグレイにしたりすることができます．また，露出補正で露出不足やオーバーを救うことができます。ただし，白飛びと黒つぶれの無い範囲内に限られます．その他にコントラストやシャープネス，レンズ収差の補正，ノイズリダクションなどが可能です．RAW画像というのは，加工前の生のデータで保存されるため，後のパソコンによる画像処理が可能になるのです．これをRAW現像とも呼びます．ただ，JPEG形式よりもデータ量が大きくなります．

　RAW画像はカメラメーカーによってそのファイル形式が違います。キヤノンEOS Kiss X4ではCR2という拡張子がファイル名に付きます。このファイル形式を開き画像調整するには，カメラに付属しているDigital Photo Professionalなどのソフトが必要です。天体画像処理ソフト・アストロアーツのステライメージや画像処理ソフトでは最も強力なフォトショップでもRAW画像を扱えます．なお，ニューモデルのカメラは最新バージョンの入手が必要です．

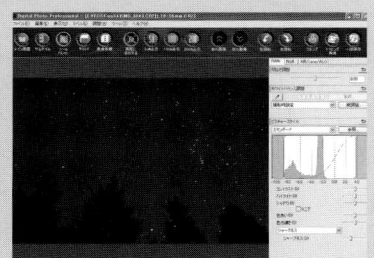

カメラに付属のDigital Photo Professionalというソフトです。キヤノンカメラのRAW画像を開き，画像調整ができます．

（EOS Kiss X4続き）

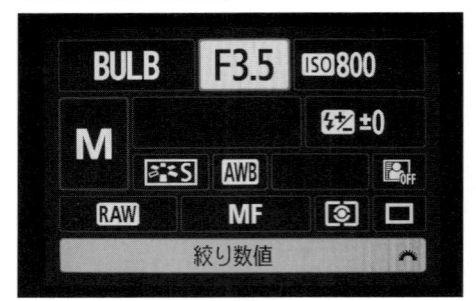

絞りの設定をします．暗い夜空を撮影しますので，できるだけ光を集められるよう絞りは一番小さい値にします．つまり，絞りを最も開けた状態にするのです．レンズによっては一段くらい絞ることもあります（P124で解説）．

オートライティングオプティマイザは暗く写ってしまうような場面で明るさとコントラストを自動補正してくれる機能ですが，ノイズが増えることがありますので，念のため「しない」にします．

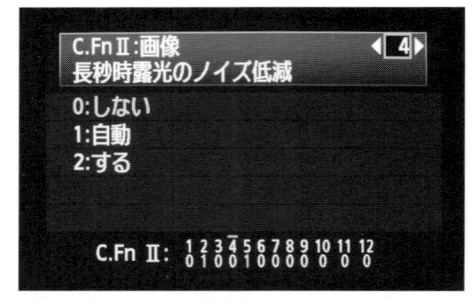

長秒時露光のノイズ低減は，1秒以上の露出で作動し，露出時間を長くすると発生するノイズを抑えます．ただ，露出時間と同じ時間を処理に要します．処理の終了まで次の撮影はできません．通常は「しない」か「自動」で良いでしょう（P123で解説）．

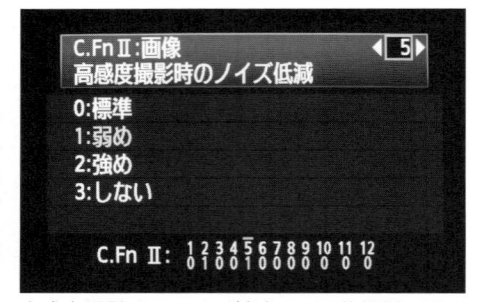

高感度撮影時のノイズ低減は，天体撮影に用いることの多い高感度撮影時にノイズが抑えられて有効です．設定は「弱め」で良いでしょう．「強め」にすると画質が少し落ちます．（P123で解説）．

夜の撮影では液晶モニターが眩しいので，設定が終わったらファインダー左の「DISP.」ボタンで液晶モニターを消すようにします．液晶モニターを表示させたままバルブ撮影を始めると，モニター右下に露光経過時間が表示され便利ですが，バッテリーが消耗します．

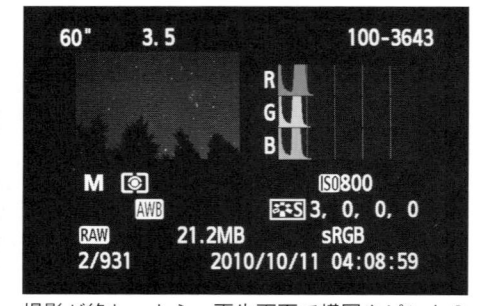

撮影が終わったら，再生画面で構図やピントの他に露出の程度もチェックします．その確認はヒストグラムを表示するとわかりやすくなります．星空の撮影では，左から1/4くらいの位置に山があると適度な露出であると判断できます．

112

ピントの合わせ方 - ライブビューを使おう　EOS Kiss X4

　暗夜の星空撮影では，オートフォーカスは使えませんからライブビュー機能でピントを合わせます．ファインダーを覗いて，なるべく1等星より明るい星を中央に入れ雲台を固定します．

フォーカスモードスイッチをMF（マニュアルフォーカス）にします．手ブレ補正スイッチも誤作動と電池消耗防止のためOFFにします．

まず，だいたいで良いので無限に近い位置にピントを合わせておきます．ライブビューボタンを押してライブビュー映像を表示します．

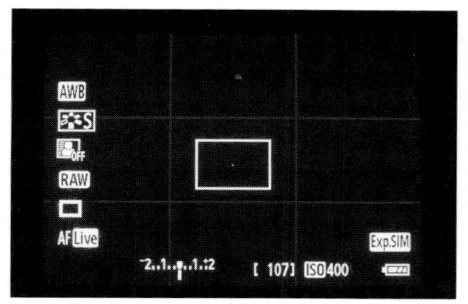

ライブビュー映像表示画面．この状態では1等星くらいでは星の存在がよくわからないかもしれません．

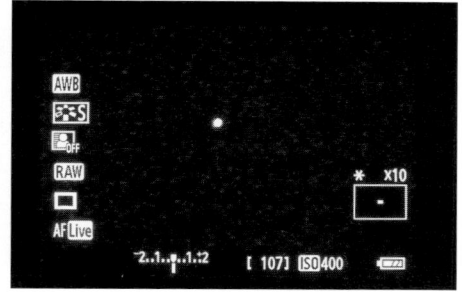

拡大ボタンでライブビュー映像表示を拡大します．10倍表示にすれば星がわかるようになります．

ライブビュー映像を見ながらフォーカスリングを回してピントを合わせます．星像が最も小さくなったところがピント位置です．

ピントが合ったら不用意にフォーカスリングが動かないようにテープで止めます．ズーム操作をした場合にはピントを合わせ直します．

113

カメラ設定　ニコンD5000

　D5000は長時間露出時や高感度時のノイズが少ない天体撮影に適したデジタル一眼レフです．また，上を見上げる星空の撮影ではバリアングル液晶モニターは大変有用です．モニターを見るために腰をかがめて上を見るようなポーズは辛いものです．D5000では液晶モニターを開いて楽な姿勢で設定や再生確認などができます．

　暗夜の星空撮影では，シャッターを開けっ放しにする「BULB」（バルブ）撮影を行ないます．マニュアル露出モードから「BULB」の設定をします．

　ここではAF-S DX NIKKOR 18-55 VRレンズキットを使用します．

　それでは暗夜の星空を撮影するためのカメラ設定です．

ニコンD5000
AF-S DX NIKKOR 18-55 VRレンズキット．三脚に載せ，リモコンを取り付けています．

撮影モードダイヤルを「M」（マニュアル）にします．マニュアル露出はシャッター速度と絞りを手動で設定します．

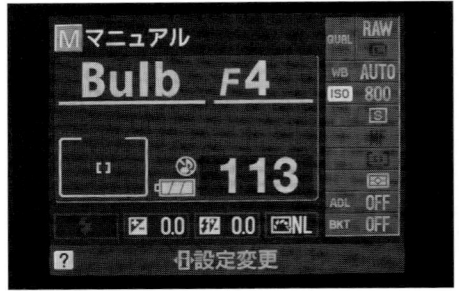

液晶モニターのインフォ画面に「M」（マニュアル）が表示されます．シャッター速度を「BULB」にします．

すっかり暗くなった時間帯の星空撮影ではISO感度800前後が適当です．ノイズは多くなってきますがISO3200までは実用範囲と考えて良いでしょう．月明かりがあったり，街明かりで夜空が明るかったりする場合にはISO感度を低めにしましょう．

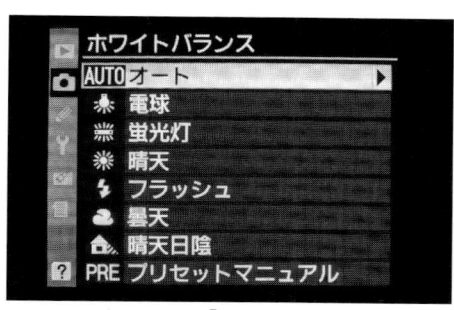

デジタル一眼レフカメラで星を撮影しよう

ホワイトバランスは「オート」か「晴天」にします。オートでは何らかの状況の変化で空の色が撮影のコマごとに若干変わってしまうことがあります。これを好まない方は「晴天」にしましょう。

画質モードは「FINE」か「RAW」あるいは「RAW」+「FINE」にします。「FINE」の場合、JPEG（ジェイペグ）というほとんどのデジタルカメラで使われている一般的なファイル形式で保存されます。「RAW」はパソコンで画像の加工が可能な形式です。

ステップアップ 〈RAWで撮ってパソコンで画像調整〉 D5000

　RAW（ロウ）形式で保存しておくと、パソコンでの画像調整で画質をあまり損なわず明るさ（露出補正）やホワイトバランスを変えることができます。特に暗夜の天体写真の場合にはその特殊性から、夜空の色が適切に表現されない場合があります。そんな時、ホワイトバランス調整で夜空の背景の色が自然に見えるようにしたり、ニュートラルグレイにしたりすることができます。また、露出補正で露出不足やオーバーを救うことができます。ただし、白飛びと黒つぶれの無い範囲内に限られます。その他にコントラストやシャープネス、レンズ収差の補正などが可能です。RAW画像というのは、加工前の生のデータで保存されるため、後のパソコンによる画像処理が可能になるのです。これをRAW現像とも呼びます。ただし、JPEG（ジェイペグ）形式よりもデータ量が大きくなりますので、たくさん撮影する場合には、記録容量の大きなメモリーカードが必要です。

　RAW画像はカメラメーカーによってそのファイル形式が違います。ニコンD5000ではNEFという拡張子がファイル名に付きます。このファイル形式を開き画像調整するには、カメラに付属しているViewNX 2などのソフトが必要です。ニコンからオプションで販売されているCapture NX 2はもっと高度で精細な画像処理ができます。

　夜の天体撮影は苦労がつきものです。失敗のできない天文現象もあります。がんばって撮った天体写真に露出や発色の問題があった場合、RAWで撮影しておけば救済できる可能性があります。大切な天体撮影の時にはRAWに設定することをおすすめします。

カメラに付属のViewNX 2というソフトです。ニコンカメラのRAW画像を開き、画像調整ができます。

115

（D5000続き）

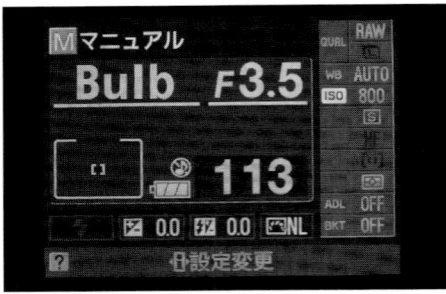

絞りの設定をします。暗い夜空を撮影しますので、できるだけ光を集められるよう絞りは一番小さい値にします。つまり、絞りを最も開けた状態にするのです。レンズによっては一段くらい絞ることもあります（P124で解説）。

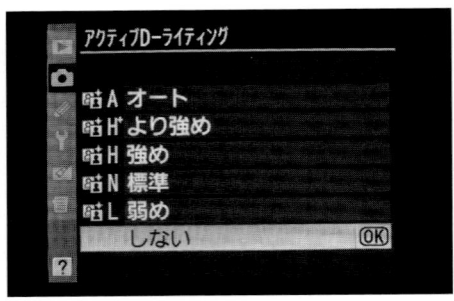

アクティブD-ライティングは白飛びを抑え、黒つぶれを軽減する効果がありますが、高感度を使用するとノイズが増えることがありますので念のため「しない」にします。

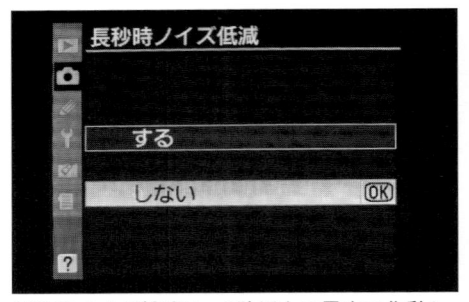

長秒時ノイズ低減は、8秒以上の露出で作動し、露出時間を長くすると発生するノイズを抑えます。ただ、露出時間と同じ時間を処理に要します。処理の終了まで次の撮影はできません。高感度で数分以上の露出をする場合以外は「しない」で良いでしょう（P123で解説）。

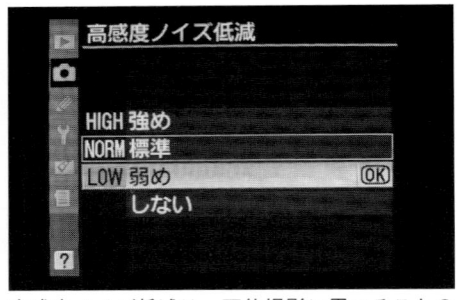

高感度ノイズ低減は、天体撮影に用いることの多い高感度撮影時にノイズが抑えられて有効です。ISO感度800以上で作動します。設定は「弱め」で良いでしょう。「強め」にすると画質が少し落ちます（P123で解説）。

夜の撮影では液晶モニターが眩しいので、設定が終わったらシャッターボタン手前の「info」ボタンで液晶モニターを消すようにします。必要な時は「info」ボタンを押すと表示できます。

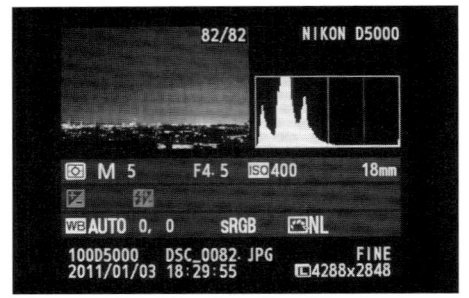

撮影が終わったら、再生画面で構図やピントの他に露出の程度もチェックします。その確認はヒストグラムを表示するとわかりやすくなります。星空の撮影では、左から1/4くらいの位置に山があると適度な露出であると判断できます。

116

ピントの合わせ方 - ライブビューを使おう　D5000

　暗夜の星空撮影では，オートフォーカスは使えませんからライブビュー機能でピントを合わせます．ファインダーを覗いて，なるべく1等星より明るい星を中央に入れ雲台を固定します．

フォーカスモードスイッチをM（マニュアルフォーカス）にします．手ブレ補正スイッチも誤作動と電池消耗防止のためOFFにします．

まず，だいたいで良いので無限に近い位置にピントを合わせておきます．ライブビューボタンを押してライブビュー映像を表示します．

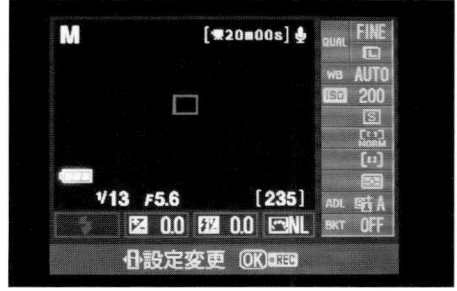

ライブビュー映像表示画面．この状態では1等星くらいでは星の存在がよくわからないかもしれません．

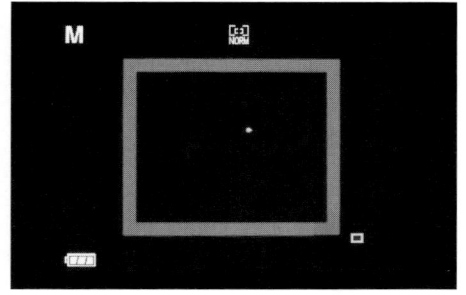

拡大ボタンでライブビュー映像表示を拡大します．拡大表示（最大約6.7倍）にすれば星がわかるようになります．

ライブビュー映像を見ながらフォーカスリングを回してピントを合わせます．星像が最も小さくなったところがピント位置です．

ピントが合ったら不用意にフォーカスリングが動かないようにテープで止めます．ズーム操作をした場合にはピントを合わせ直します．

117

露出を変えてみよう

露出時間を変えてみる - 夜空の暗い田舎の場合

暗夜の天体撮影はマニュアル露出で行ないますので，露出時間，絞り，ISO感度を任意に設定しなければなりません．適正露出は試写をして決めることになります．

まず，田舎で撮影した星空です．撮影場所は低光害地で天の川は見えますが，極上の星空というわけではありません．ISO感度400，絞りF4に固定して，露出時間を30秒から16分まで変えました．左上にはヒストグラムも添えてあります．

露出時間30秒
明るい星だけわかりますが，全体的に暗いです．

露出時間1分
暗い星も写ってきましたが，まだ露出不足です．

露出時間2分
天の川が写りました．手前に木立があることもわかるようになりました．

露出時間4分
これくらいの露出時間で適正のようです．星が動いているのがわかります．

露出時間8分
明るく写りました．日周運動による星の軌跡も長くなりました．

露出時間16分
かなり明るく写り，暗い星は空の明るさに埋もれてしまいそうです．

露出時間を変えてみる - 夜空の明るい街中の場合

　街中で撮影した星空です．田舎の夜空に比べかなり明るく，僅かな露出時間で白くなってしまうのがわかります．また，夜空は田舎，街中にかかわらず，同じ場所であっても，透明度やカメラを向ける高度によっても明るさが変わり，適正露出が異なります．

　撮影場所は通常3等星程度，透明度の良い好条件の夜で4等星が見える空です．ISO感度400，絞りF4に固定して，露出時間を2秒から1分まで変えました．

露出時間2秒
下に写っている夜景の露出は適正ですが，星はほとんどわかりません．

露出時間4秒
明るい星が写っていますが，まだ星座をたどるには十分ではありません．

露出時間8秒
これくらいの露出時間で適正のようです．さそり座が写っています．

露出時間15秒
夜空が明るく写るようになってきました．4等星まで写っています．

露出時間30秒
かなり明るく写り，夜景は飛んでしまい，低空の星は空に埋もれました．

露出時間1分
完全な露出オーバーで低空部分は白く飛んでしまいました．

絞り（F値）と露出時間の関係

　撮影した写真の明るさは，絞り（F値），ISO感度，露出時間（シャッター速度）の設定によって決まります．これら3つの組み合わせで露出値（EV値）つまり明るさが変わります．

　絞りはレンズ内部に組み込まれ，入ってくる光の量を調節するためにあります．F1.4，2，2.8，4，5.6，8，11，16，22，32というように，$\sqrt{2}$倍で1段絞ったことになり，数値が増えるごとに暗く写ります．

　ISO感度はフィルム感度から受け継がれている数値です．デジタルカメラでは撮像素子が受けた光を電気信号に変換し，その信号の強弱を変えることができます．これをISO感度と呼んでいます．ISO 100，200，400，800，1600，3200，6400，12800というように2倍で1段増えたことになり，数値が増えるごとに明るく写ります．

　露出時間は15秒，30秒，1分，2分，4分というように2倍で1段増えたことになり，数値が増えるごとに明るく写ります．

　それでは，ISO感度は400で一定にして，絞り（F値）と露出時間を変えてみましょう．絞りを1段絞るごとに露出時間を倍（1段）にすれば，同じ明るさに写ります．

F2.8 露出2分
17-70mm F2.8レンズを開放で使用しました．周辺減光が目立ちます．

F4 露出4分
露出時間を倍にするためには絞りを1段絞れば，露出オーバーを回避できます．

F5.6 露出8分
さらに露出時間を長くしたい場合，F値もさらに大きくします．

F8 露出16分
星の軌跡を長くする長時間露出のために，さらに絞りました．

ISO感度と露出時間の関係

　ISO感度を上げると画像は粗くなりますが，短い露出時間で星を点に近い状態に写すことができます．長時間露出をしたい場合には，絞り（F値）をあまり絞るよりもISO感度を下げて撮影した方が，ノイズも少なくて良いでしょう．

　絞り（F値）をF4で一定にして，ISO感度と露出時間を変えてみました．ISO感度を1段下げるごとに露出時間を倍（1段）にすれば，同じ明るさに写ります．

ISO3200 露出30秒
高感度にすると星をほぼ点像に写すことができます．

ISO1600 露出1分
1分露出では少し星が日周運動で伸びます．

ISO800 露出2分
ISO800くらいであれば，比較的画質も良く常用の範囲でしょう．

ISO400 露出4分
画質は良いですが，露出時間もかかり星は線になります．

ISO200 露出8分
星の軌跡を撮影するために，ISO感度を下げて，露出時間を長くしました．

ISO100 露出16分
ISO感度を下げて，露出時間をさらに長くし，星の軌跡をもっと伸ばしました．

ISO感度によるノイズの違い

　ISO感度を高感度に設定するほど画質が悪くなります．ここに掲載しているのはISO100からISO6400まで変えて撮影した画像の一部を拡大したものですが，感度が高くなるほどノイズが増えていくのがわかります．露出時間を短くしたい時，画質の点を差し置いても高感度を使わなければならない場合もあり，その用法は作画や状況によってケースバイケースです．（画像はキヤノンEOS Kiss X4で撮影）

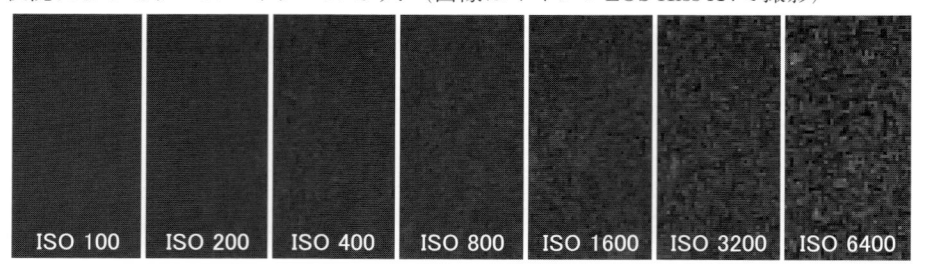

| ISO 100 | ISO 200 | ISO 400 | ISO 800 | ISO 1600 | ISO 3200 | ISO 6400 |

ワンポイント　〈ニジミ写真を撮ろう〉

　星がシャープに写っているため，明るい星と暗い星の区別がつきにくく，星座をたどれないことがあります．星座の形をわかりやすくしたい場合にはソフト系のフィルターを使います．ソフト系のフィルターは明るい星ほど滲むので，星の明るさが大きさとなって表現され，星座の形がわかりやすくなります．

　星を滲ませるソフト系フィルターには各種ありますが，角型光学用プラスチック製・コッキン無色ディフューザー083や，円形フィルターではケンコーPROソフトン(A)の人気が高く，星座の写真にはちょうど良い滲み方をしてくれます．

フィルターホルダーを使用するタイプのコッキン無色ディフューザー083ソフト系フィルター．

ソフト系フィルター無し．星がシャープで星座がわかりにくい．

コッキン無色ディフューザー083使用．星座がわかりやすい．

ノイズ低減の効果 - 高感度時

　ISO感度を上げるとノイズが増え，ザラザラ感のある粗い画像になります．これを緩和するためにカメラで高感度時のノイズ低減設定ができるようになっています．これはノイズの彩度を下げたりぼかしたりしているのですが，その結果ディテールが損なわれてしまいます．したがって，好みや意図にもよるのですが，高感度時のノイズ低減設定は弱めで良いでしょう．下の画像は部分拡大．

高感度時ノイズ低減「弱め」 ISO3200
ノイズ低減の効果は少しで，シャドー部もノイジーですが，シャープさはあります．

高感度時ノイズ低減「強め」 ISO3200
ノイズは大きく低減されていますがディテールが甘く，星のシャープさも無くなっています．

ノイズ低減の効果 - 長秒時

　露出時間を長くするほど，また気温が高いほど点状のノイズが増えます．夏場暑い時期には注意が必要です．冬でも数分以上の露出をすると画像を拡大して見た時にノイズがわかることがあります．目立たないノイズならあっても気にならない場合もありますので，1分くらいまでの露出時間なら，ノイズ低減は「しない」で良いでしょう．

　長秒時ノイズ低減は露出時間と同じ時間が処理にかかり，終了までに倍の時間を要します．貴重な天体撮影の時間を無駄にしないよう，ダークフレームと言って，レンズキャップをして天体撮影と同じ露出時間，ISO感度，温度で撮った画像を，パソコンの天体画像処理ソフトを使って減算処理する方法もあります．

長秒時ノイズ低減「する」
点状のノイズはありません．ISO800で2分露出した画像を拡大．

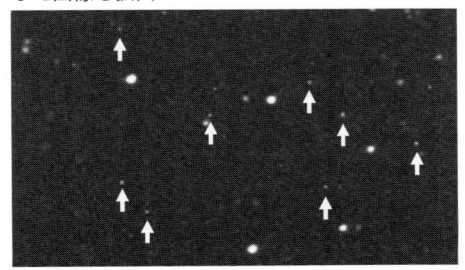

長秒時ノイズ低減「しない」
矢印の先にある輝点が長時間露出した時のノイズです．

デジタル一眼レフカメラで星を撮影しよう

絞りを変えてみる

　絞りはISO感度，露出時間とともに，露出（明るさ）を決める3つのファクターのひとつですが，絞ることによってレンズの収差や周辺減光を少なくすることができます．

　絞ると撮像素子が受ける光量が減って，ISO感度を上げるか露出時間を長くしなければなりませんが，開放から1段絞るだけでも収差や周辺減光が改善され効果があります．

　キヤノンカメラではエントリーモデルでもEOS Kiss X3からキヤノンレンズとの組み合わせで，周辺光量補正が撮影時にできるようになりました．この機能を「する」に設定すると1段絞ったのと同じくらいの効果があり，絞らず開放のままで，ISO感度を上げたり露出時間を長くしたりする必要もなく周辺減光の改善をすることができます．

　ニコンカメラの場合にはオプションで販売されているRAW画像加工ソフトCapture NX 2を使えば，ビネットコントロールと言う呼び名で，周辺光量補正ができます．

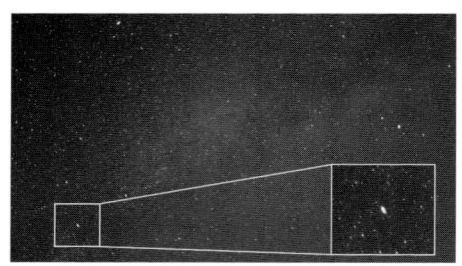

24mmF1.8レンズを開放で使用しました．周辺減光があり周辺像も大きくなっています．

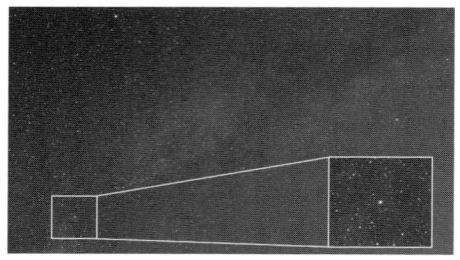

24mmF1.8レンズをF2.8に絞りました．周辺減光は少なく周辺像も小さく改善されました．

17-55mmF3.5レンズを開放で使用しました．周辺減光が表れています．

17-55mmF3.5レンズをF5.6に絞りました．周辺減光が目立たなくなりました．

17-55mmF3.5レンズ開放ですが，周辺光量補正をしました．F5.6に絞ったように改善されました．

構図を決めよう

どれくらいの範囲が写るのか

　地上の風景と星空を狙う場合，適当に向けて撮影してもそれなりに絵になることもありますが，できれば有名な星座だけでも知っていると，その星座をうまくフレーム内に収めることができます．是非，星座の知識も身に付けたいものです．

　星座早見盤では，星座の見える方向と高度を調べることができます．しかし，画角はわかりません．そのような場合，カメラレンズの焦点距離に合わせた画角が表示できるステラナビゲータ（アストロアーツ）という天文シミュレーションソフトを使えば，構図の検討ができて便利です．

　ここに掲載した星図は，夏を代表する星座，さそり座といて座，そして冬を代表する星座オリオン座と，最も明るい恒星シリウスをα星にもつ，おおいぬ座です．それぞれの星図の破線で囲った長方形は，撮像素子がAPS-Cサイズのデジタル一眼レフに付属するキットレンズの広角側18mmの画角を示しています．

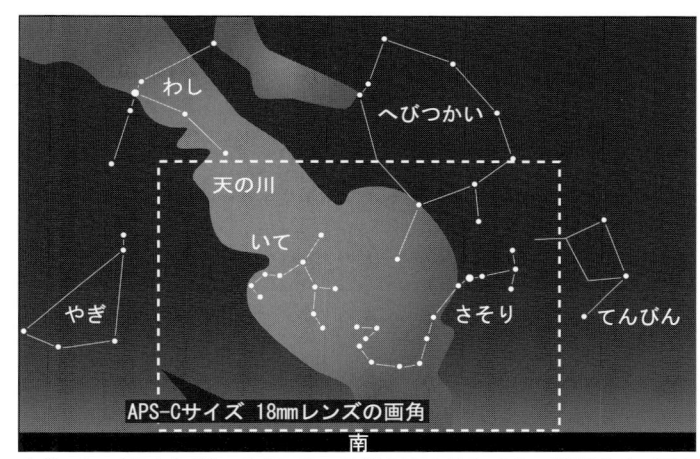

北緯35°（東京など）で8月1日21時頃の夏の星空です．横構図で，天の川の中心部分とさそり座，いて座が入ります．

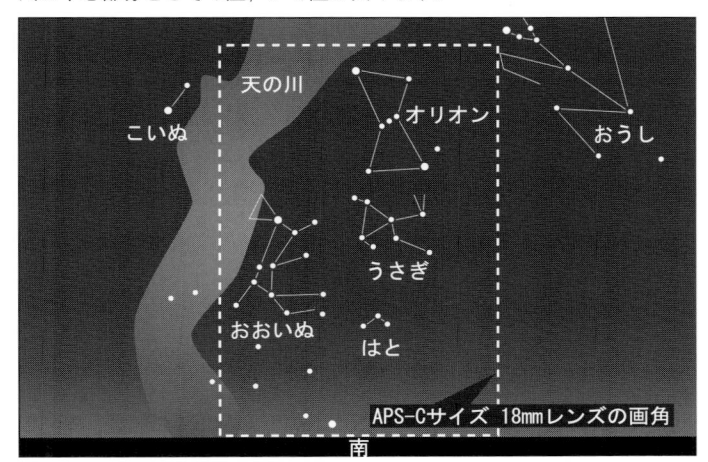

北緯35°（東京など）で2月1日21時頃の冬の星空です．縦構図で，オリオン座とおおいぬ座が入ります．ただし，地平線も入れるとオリオン座の全体を入れることはできません．

東西南北で変わる星の軌跡

　固定撮影の場合，シャッターを開けている間，星は日周運動で動いていくので，長時間露出するほど星の軌跡は長くなります．その軌跡は，東西南北，カメラを向ける方向によって変わります．

　日周運動は星が東から昇って西に沈みますから，東にカメラを向けると，左下から昇って右上に向かう軌跡となります．南にカメラを向けると，左から右へと弧を描いて写ります．西へカメラを向けると，左上から右下へ沈む軌跡になります．北へカメラを向けると，ほとんど動かない北極星付近を中心とした円弧を描きます．

　星の軌跡は露出時間を同じにした場合，天の赤道にある星が最も長く写り，天の極に近づくにつれて短くなっていきます．北半球では，天の北極の近くで一番明るい星，北極星の軌跡が短くほぼ点状に写ります．これに対して，天の赤道付近の星は短い露出時間でも線状になりやすくなります．因みに，天の赤道とは，地球の赤道を天球に映した大円で，例えば北緯35°の東京では真東から子午線（天球を南北に結ぶ線）高度55°を通り，真西へと結ぶ円弧を描きます．

　カメラを向けている方向によって星がどう動いていくのかを把握していると，どのように写るのか予想できますし，構図を決めるのに役立ちます．例えば，明るい1等星が木立ちに隠れるとか，逆に出てくるといった場合です．

　右の写真は北緯35°で撮影した東西南北それぞれの星の軌跡です．

東の空を撮影

南の空を撮影

西の空を撮影

北の空を撮影

デジタル一眼レフカメラで星を撮影しよう

ステップアップ 〈比較明合成 - 短い露出時間でも星の軌跡を表現できる〉

　長時間露出で星の軌跡を写す場合，夜空の暗い場所では難しくありませんが，夜空の明るい場所や，明るい物に露出を合わせたいために露出時間を長くできない場合には，星の軌跡を写すことはできません．こんな時に「比較明合成」という方法で星空の光跡を表現することができます．

　ただし，撮影後，パソコンでの画像処理プロセスを要します．短い露出時間で連続撮影した何コマもの画像を比較明合成ができるソフトで画像合成するのです．例えば，10秒露出した画像を60コマ比較明合成すれば，600秒（10分）露出したのと同じ長さの星の軌跡になります．

　撮影方法は，適正な露出に設定し，30秒以内の露出時間なら連続撮影モードを使って，リモコンでシャッターボタンを押しっぱなしにします．そして，5分後，10分後など任意の予定時間になったら，リモコンのシャッターボタンを解除します．露出時間が30秒を超える場合には，インターバル撮影のできるタイマーリモコンを用意しないと連続撮影はできません．

　「比較明合成」とは，コマ間の明るく写っている方を合成する方法で，夜空の暗い部分と星の軌跡とを比較した場合，明るい星の方だけを描出するので，合成しただけ星の軌跡が日周運動で長くなっていきます．

　合成は，天体画像処理ソフト・ステライメージ（アストロアーツ）や汎用画像処理ソフト・フォトショップ（アドビ）で比較明合成ができます．ステライメージにはバッチ-コンポジットで多数コマを自動的に合成してくれる機能を搭載しています．フォトショップでもバッチとアクションを使うと自動一括処理ができます．他にもJPEGファイルしか扱えませんが「SiriusComp」，「LightenComposite」というフリーソフトが発表されています．

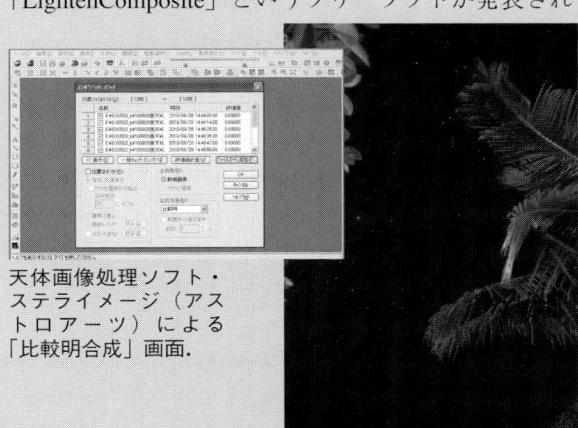

天体画像処理ソフト・ステライメージ（アストロアーツ）による「比較明合成」画面．

10秒露出の1コマ画像．星はほぼ点状に写っています．

10秒露出を54コマ「比較明合成」．星の軌跡が描かれました．

水平に気をつけよう

　遠くまで見渡せる場所で地上の風景とともに星の撮影をする時，建物や地平線，水平線が傾いて写ると構図が落ち着きません．このような撮影では特別な意図がない限り，カメラの水平を出すようにしましょう．

　夜の撮影では，ファインダーを覗いて構図を決めようとする際に暗くて水平がよくわかりません．撮影後再生して確認し，修正するのもひとつの方法ですが，星や月は時間とともに日周運動で動いていくので，時間の浪費にもなりかねません．このような時には水準器を使いましょう．

　汎用の水準器でも良いですが，ストロボ（フラッシュ）を取り付けるためのアクセサリーシューに装着するタイプのカメラ用水準器がおすすめです．LED仕様のデジタル水準器もあり，夜の撮影ではたいへん便利です．

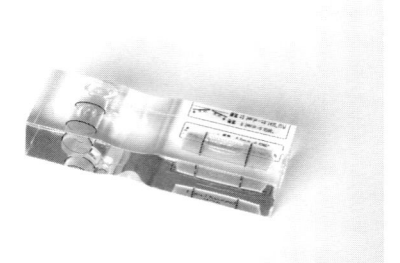

水準器で水平を出しましょう．

LED光で水平がわかるデジタル水準器．

水平が出ていないと構図が安定しません．

傾きの無い構図になるよう気をつかいましょう．

3分割構図で撮ってみる

　代表的な構図の手法に3分割法があります。縦方向と横方向それぞれを3分割し、そのライン沿いやラインの交点に被写体を配置する方法です。単純に主題となる被写体を真ん中に持って来るよりも雰囲気のある写真になります。

　1:1.618……の比率で画面を分ける黄金分割もデザインや建築の分野などで採用され、構図が安定するとされています。3分割法は、おおざっぱに黄金分割の近似として使います。多くのコンパクトデジカメにも3分割されたグリッド表示の機能が備わっていますので利用しましょう。

3分割法は星空をバックにした星景写真に有効です。

　地平線を3分割ラインに合わせ、星空と地上を分割して撮影すれば、バランスの取れた構図になるというわけです。ただし、地上側に何も無く、真っ黒に写るような場合に3分割構図にしてもパッとしません。美しい夜景がある場合などにこの手法を使います。また、星座や月などが主題で星空を大きく撮る天体写真では使いません。

　3分割法は常に意識していると、構図決めの時、画面構成の助けになります。しかし、構図の基本手法には他にもいくつかありますが、決まった答えはありません。

ゴーストに注意

　非常に明るい光がカメラレンズに入ると、レンズ内で反射して一見UFOのようなものや白っぽくモヤがかかったように写ることがあります。これをフレアとかゴーストと呼んでいます。強く光る街路灯などでも起こりますので、このような光はフレームから外さないといけません。さらに、ファインダーで覗いて見えていなくても、レンズには光が侵入していてフレアが発生する場合もありますので注意が必要です。

移動しズームアップして街路灯を避けました。

強烈な街路灯のゴーストが写ってしまいました。

照明の利用

月明かりを照明に

　月明かりの無い暗い空で,地上の風景に人工灯が存在しない場合には,シルエットにしか写りません.雄大な雪山も山の稜線が黒くなっているだけでは面白くありません.風景も写し出すには,月明かりを照明として利用しましょう.星空撮影の照明として用いるには,半月前後が最も適しています.満月近くでは,夜空が明るくなり過ぎて星数が少なくなってしまいます.月が細いと明るさが足りません.月明かりの撮影では月齢がポイントになります.

　基本は,月明かりでも日中太陽に背を向けて撮影するのと同じように順光で行ないます.景色全体を環境光として照らしますので,昼間のような雰囲気になります.また,夜空の色も昼のように青く写り,暗夜の星空写真よりもカラフルな印象になります.

月明かりは風景全体を照らすので,昼間のように状況が良くわかります.

(**左上**) 月明かり無しでの撮影です.山はシルエットで,空の星の無い部分は雲です.

(**左下**) 月明かりでの撮影です.昇ってきた下弦の月が順光で照らしています.山も雲もよくわかります.

LEDライトやストロボを使ってみる

　雄大な風景を照らすには月明かりが必要ですが，月の出ていない夜に眼前の対象を照らすなら，複数のLEDが組み込まれている高輝度で照射距離の長いLEDライトを使いましょう．長時間露出中にLEDライトで対象物をまんべんなく照らします．1地点からだと光が届かなかったり影になったりする部分もできますから，動き回って照射することもあります．この時，照明光がレンズに入らないように注意しましょう．

明るいLEDライト．ちょっと使うくらいなら百円均一品でも十分です．

明かりで照らされないと木立はシルエットで写ります．

LEDライトを木立に照射しました．ムラ無く照らすのは結構難しいです．

　ストロボ（フラッシュ）を使うのも方法です．ただし，夜空とのバランスで対象物が明る過ぎる感じになる場合がありますので，ストロボの調光補正をするとか，発光部をトレーシングペーパーなどで覆います．

外部ストロボを場所を変えながら花に向けて数発発光しました．

月・惑星のアップを撮る「拡大撮影」

デジタル一眼レフで月・惑星の拡大撮影

　コンパクトデジカメでの月・惑星の拡大撮影では，望遠鏡の接眼レンズ（アイピース）にカメラのレンズを覗かせるコリメート法で行ないますが，デジタル一眼レフではカメラレンズを外して，カメラボディだけを望遠鏡に装着して撮影します．これをリレーレンズ法と言います．デジタル一眼レフを使う時の一般的な拡大撮影法です．

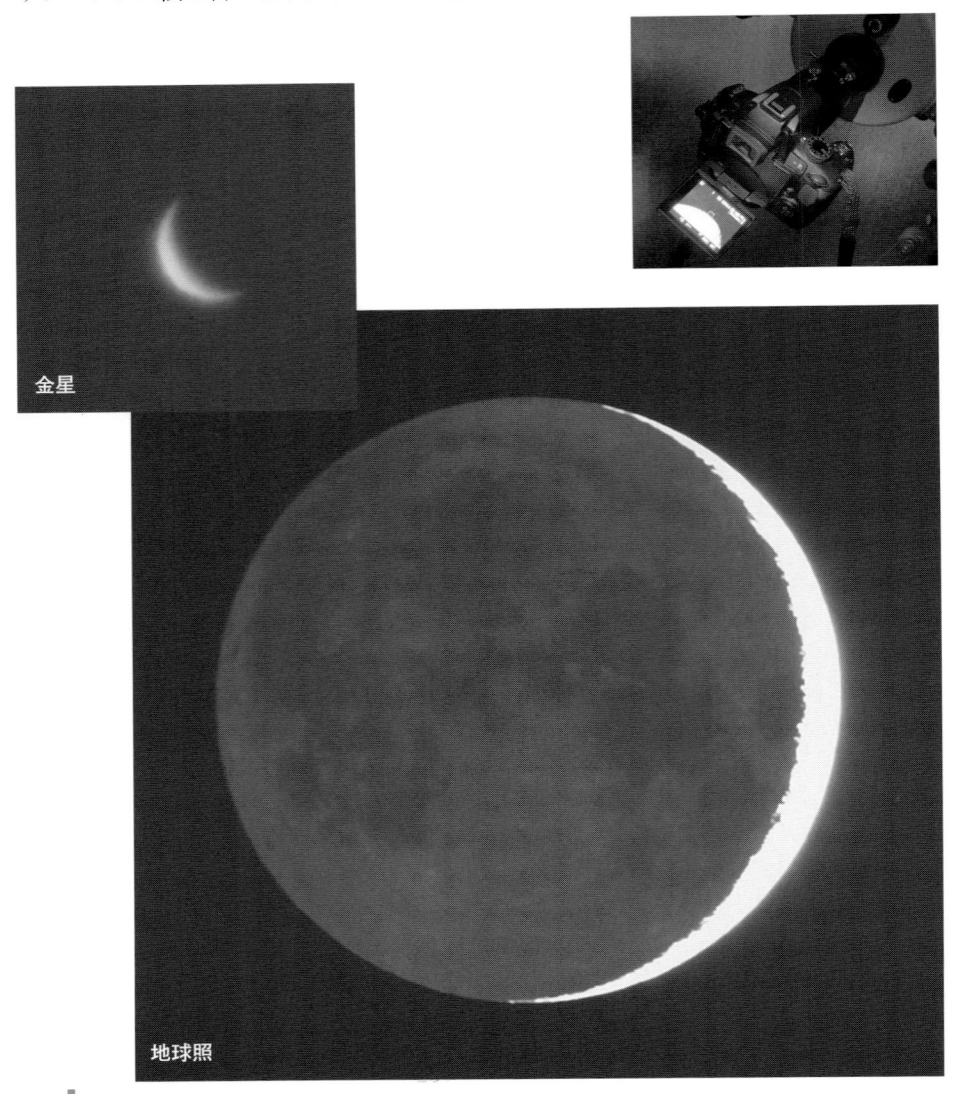

金星

地球照

デジタル一眼レフカメラで星を撮影しよう

準備と必要な撮影機材

　天体望遠鏡の架台は，星の動きを自動で追尾できるモーター付きのしっかりとした赤道儀式で，日周運動に対応したタイプが良いでしょう．拡大撮影では倍率を高くしますので，天体を日周運動で視野から逃がさないようにするためです．

　レンズを外したカメラボディを天体望遠鏡の接眼部へ取り付けるためのカメラアダプターが必要です．さらに，カメラアダプターとカメラボディを連結するために各カメラメーカー用に用意されたカメラマウントも必要です．カメラアダプターとカメラマウントは天体望遠鏡メーカーから各種出されています．月や惑星は接眼レンズで拡大します．接眼レンズは拡大率を変えられるように何種類か用意できると良いでしょう．他にはバローやエクステンダーという焦点距離を伸ばすレンズでも拡大撮影ができます．

架台が赤道儀式の天体望遠鏡

各種接眼レンズ（アイピース）

拡大撮影のためのカメラアダプター

左から接眼レンズを取り付けたかぶせ式のカメラアダプター，カメラマウント，カメラボディ．

カメラマウント（各種カメラ用があります）

カメラマウントとカメラアダプターを介してデジタル一眼レフを望遠鏡に取り付けます．

カメラ設定　キヤノンEOS Kiss X4

　天体望遠鏡による拡大撮影では，普通にシャッターを切るとリモコンを使っていてもシャッター開閉時のミラーの上げ下げによるショックでブレが発生します．EOS Kiss X4は，ライブビュー使用時に電子先幕シャッター機能によりミラー動作より先にシャッターが切れるのでミラーショックがほとんどありません．また，AFフレームを撮影対象（月の表面）へ持っていくと露出も合うので大変便利です．

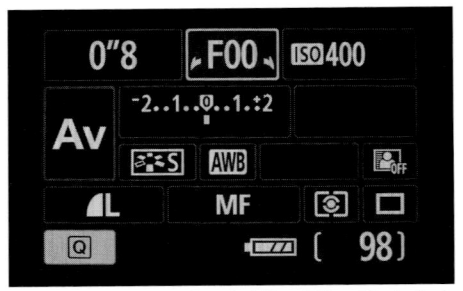

モードダイヤルを「Av」（絞り優先AE）にします．天体望遠鏡のF値（カメラレンズの絞りに相当）は口径と焦点距離で決まっていますので，絞り優先AEでシャッター速度がオートで変わります．絞り数値はカメラレンズを非装着の時は「F00」と表示されます．

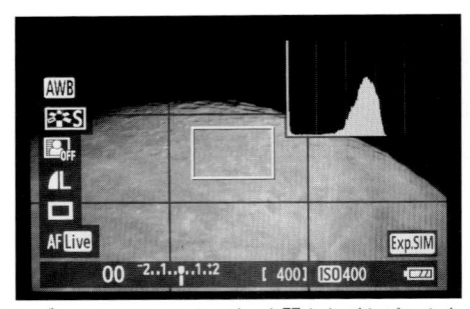

まず，カメラのファインダーを覗きながらピントを合わせます．次にライブビュー映像で正確なピントを出します．長方形のAFフレームを十字キーで月面の任意の位置に持っていくとオートで露出が合い，適正かどうかの確認がヒストグラムでできます．

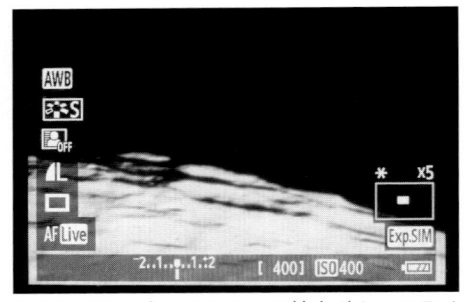

正確なピント合わせのために拡大ボタンでライブビュー映像表示を拡大します．場合によっては10倍表示までですると拡大し過ぎで，合焦ハンドルを持つ手による揺れが激しく，ピントが合わせ辛くなってしまいますので5倍表示にします．

電子ダイヤル

露出補正ボタン

ライブビュー映像の測光方式は評価測光なので，黒いバックの面積が大きい惑星撮影では露出オーバーになります．このような時は，露出補正ボタンを押しながら電子ダイヤルを回し，露出補正を行ないます．

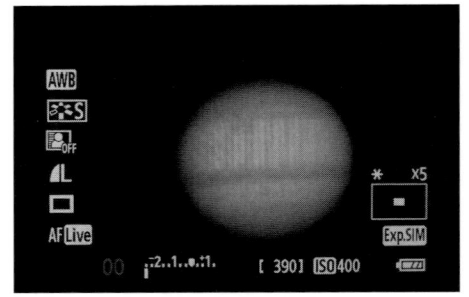

フレーム内に大部分の面積を占める月面ならばオート露出で良いのですが，惑星はオート露出では露出オーバーになってしまいます．これは露出補正を行なった木星です．-2 2/3補正しています．

カメラ設定　ニコンD5000

　拡大撮影では，見上げる状態で液晶モニターを見なければならないケースが多く，そのような体勢は辛いものです．そこで，D5000のバリアングル液晶モニターは大変有用です．液晶モニターを開いて無理のない姿勢で撮影ができます．D5000のライブビュー機能は，シャッターを切った時にミラーの上げ下げをします．ミラーショックが起きてブレてしまうことがありますので，露出ディレーモードを併用します．

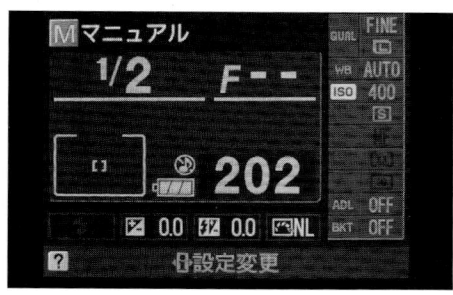

撮影モードダイヤルを「M」（マニュアル）にします．ライブビュー機能使用時にカメラレンズが装着されていないとオート露出が働かないためです．マニュアルはシャッター速度を手動で設定します．絞り値はカメラレンズを装着していませんので「F--」と表示されます．

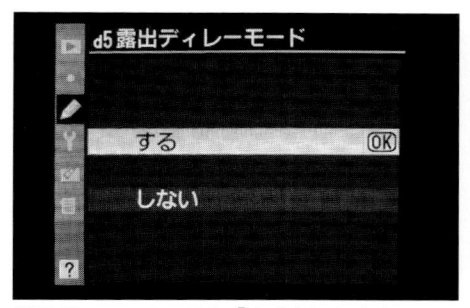

　露出ディレーモードを「する」にします．このモードを使うとシャッターボタンを押してミラーが上がった約1秒後にシャッターが切れ，ミラーショックによるカメラブレを抑えることができます．

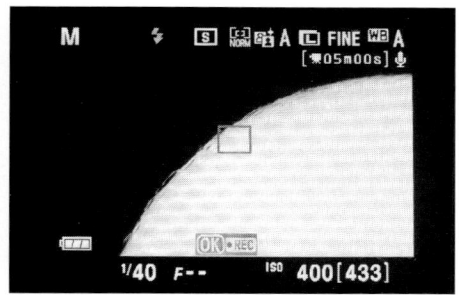

まず，カメラのファインダーを覗きながらピントを合わせます．次にライブビュー映像で正確なピントを出します．オート露出ではないため，露出が適正でない場合には，シャッター速度を変えて適正露出にします．

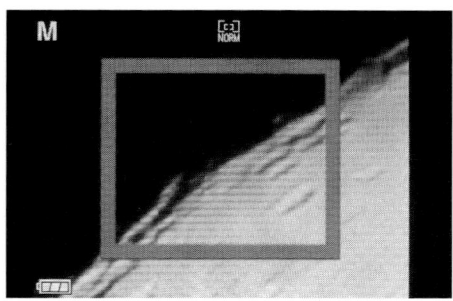

正確なピント合わせのために拡大ボタンでライブビュー映像表示を拡大します．場合によっては最大表示（最大約6.7倍）までずると拡大し過ぎで，合焦ハンドルを持つ手による揺れが激しく，ピントが合わせ辛くなってしまいますので適切な拡大率にします．

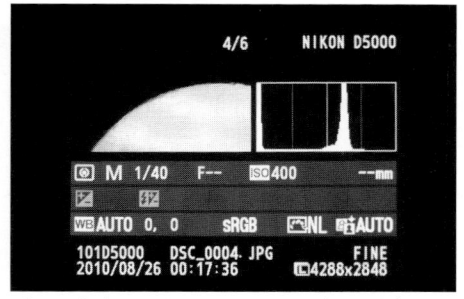

ピントを合わせたらシャッターボタンを押して撮影をします．一度撮影画像を再生して，ヒストグラムを確認しましょう．もし，ヒストグラムの山が右にはみ出していたら露出オーバーですので撮り直します．

月や惑星の写る大きさ

どれくらいの大きさに写るか，月は簡単で，望遠鏡の焦点距離のだいたい1/100の大きさに写ります．例えば望遠鏡の焦点距離が1000mmなら月の直径は約10mmになります．APS-Cサイズの撮像素子を持つデジタル一眼レフなら，約23mm×15mmなので，すっぽり月が収まります．

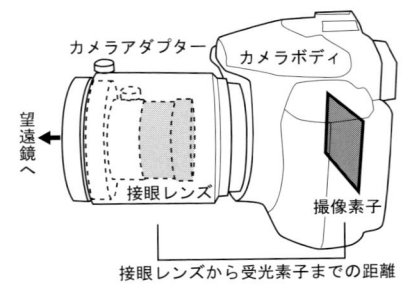

惑星の場合，月よりもはるかに小さく，焦点距離を5000mmにしても木星で1mmにもなりません．もっと焦点距離を長くしたいところです．

拡大撮影時に長くした望遠鏡の焦点距離のことを合成焦点距離と呼びます．合成焦点距離を計算すれば，写る大きさが予測できます．

デジタル一眼レフ（リレーレンズ法）による合成焦点距離の計算方法

拡大率＝（接眼レンズから撮像素子までの距離÷接眼レンズの焦点距離）－1
合成焦点距離＝拡大率×望遠鏡の焦点距離

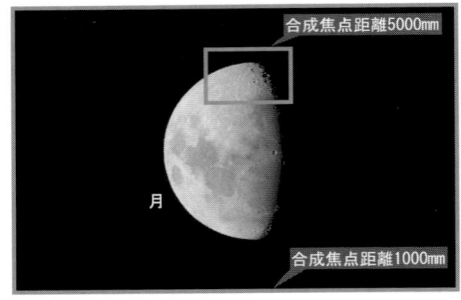

APS-Cサイズの撮影範囲．月の場合．

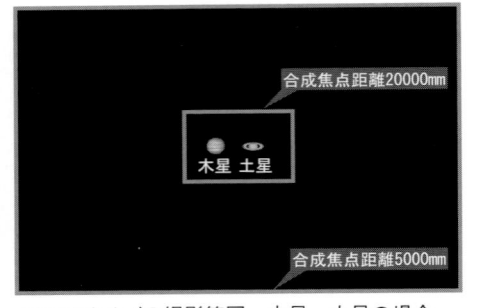

APS-Cサイズの撮影範囲．木星，土星の場合．

ステップアップ 〈動画から高精細惑星画像 - RegiStax〉

惑星の表面模様を詳細に撮影することは難しく，細かい模様はノイズに埋もれてしまいます．これを改善するフリーソフトがRegiStax（レジスタックス）です．惑星を撮影した動画から多数のコマをコンポジットするとノイズが平均化され画像が滑らかになります．その画像にウェーブレット変換という画像処理を施すと精細な表面模様が表れてきます．

もしAVI形式の動画が開けない場合は，拡張子をAVIからMPGに書き換えてみましょう．

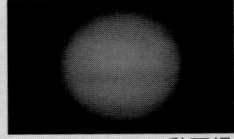

ニコンD5000で動画撮影した木星の1コマ．

900コマをコンポジット後ウェーブレット変換．

日食を撮影しよう

太陽のアップは拡大撮影と同じ方法です．ただし，太陽を直接望遠鏡で見ることは大変危険ですので絶対にやってはいけません．失明してしまいます．十分に減光するフィルターを対物レンズの先に取り付けなければなりません．このフィルターも，ただ減光するだけでは不十分で，紫外線や赤外線も通さないものが安全です．安心な太陽フィルターとしては，バーダープラネタリウム社のアストロソーラーフィルターがあります．これは銀色の薄いシート状特殊フィルターで，レンズに取り付ける枠を自作して使用します．

減光フィルターを使用した太陽撮影では，部分日食，金環日食，太陽黒点の撮影ができます．皆既日食のコロナやダイヤモンドリングの撮影にはフィルターを使いません．

バーダープラネタリウム社のアストロソーラーフィルター．

年月日	種類	見られる地域
2012年 5月21日	金環	日本（太平洋側で金環），中国，米国
2012年11月14日	皆既	オーストラリア，南太平洋
2013年 5月10日	金環	オーストラリア，太平洋
2013年11月 3日	金環・皆既	大西洋，アフリカ
2014年 4月29日	金環	南極
2015年 3月20日	皆既	北極
2016年 3月 9日	皆既	インドネシア，日本では部分
2016年 9月 1日	金環	アフリカ
2017年 2月26日	金環	南アメリカ，アフリカ
2017年 8月22日	皆既	米国
2019年 1月 6日	部分	日本
2019年 7月 3日	皆既	南アメリカ
2019年12月26日	金環	中東，アジア，グアム，日本では部分
2020年 6月21日	金環	アフリカ，アジア，日本では部分
2020年12月15日	皆既	南アメリカ

2020年までの皆既日食，金環日食と日本で見られる日食（日付は日本時間）

アストロソーラーフィルターは，枠を厚紙などで自作して取り付けます．

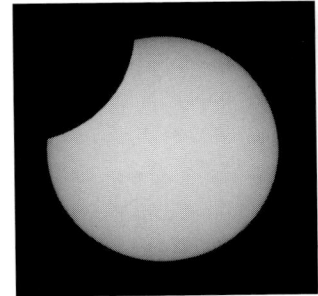

部分日食 　　　　金環日食 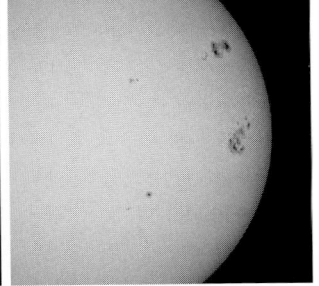　　　　太陽黒点

星空を止めて撮る「追尾撮影」

デジタル一眼レフで追尾撮影

　カメラを三脚に固定した「固定撮影」では，日周運動で星は動いて写ります．私たちが目で見ているように星を点像に写すためには，日周運動に対応して動く赤道儀にカメラを載せて撮影します．

準備と必要な撮影機材

　赤道儀には，ポータブルなものから大型のものまでいろいろあります．ポータブル赤道儀は持ち運びが簡単で，手軽に星空を撮影する目的で作られています．カメラ三脚に固定し，自由雲台を介してカメラを取り付けます．広角から標準レンズくらいまでが撮影に適しています．

　丈夫で精度の良い赤道儀なら，プレートを取り付けて，そこにカメラを複数台載せたり望遠レンズを載せることもできます．ただし，しっかりカメラを固定しないと追尾精度以外の理由で星が流れて写ってしまうことがあります．ガッチリと固定できる大型の自由雲台を使うとか，プレートに直接固定しましょう．

スターベース スカイポートTG-SD．わずか1.2kgのポータブル赤道儀です．

　天体望遠鏡に直接デジタル一眼レフのボディを取り付けて撮影する方法を直焦点撮影と言います．天体望遠鏡の対物レンズを望遠レンズとして使い，星雲・星団を撮影する方法です．月・惑星の拡大撮影のように接眼レンズは使いませんが，焦点距離を短くするレデューサーや逆に長くするエクステンダー，周辺像を補正するフラットナーなどのレンズを装着する場合があります．

TOAST TECHNOLOGY TOAST Pro．おしゃれなポータブル赤道儀です．

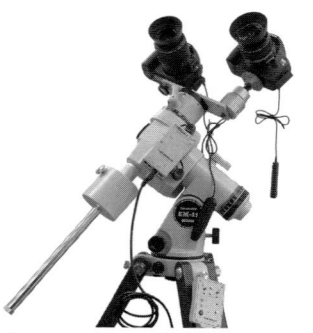

タカハシEM-11赤道儀．システム赤道儀なのでプレートを取り付けてカメラを載せられます．

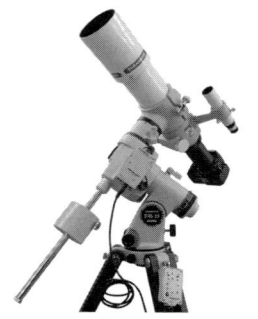

タカハシFSQ-85ED鏡筒+EM-11赤道儀で直焦点撮影．

撮影方法

　赤道儀を日周運動に対応して動かすためには，赤道儀の極軸を合わせなければなりません．極軸を北極星のそばにある天の北極（地球の自転軸）に合わせることで，正確に星を追尾することができ，星が点像になった写真が撮れます．極軸は，多くの赤道儀に極軸望遠鏡が内蔵されていますので，北極星を頼りに正しく合わせることができます．

　モーターのスイッチを入れれば日周運動と同じ速さで赤道儀が動き，星を追いかけます．ポータブル赤道儀でも大型の赤道儀でも極軸を中心に回転し，星を追尾することは同じです．赤道儀の操作は，傾いた極軸のために動きが少し変わっていて，慣れるのに時間を要します．

　カメラの設定やピントの合わせ方は固定撮影とほぼ同じです．固定撮影と違うのは夜空の暗い場所で露出をたっぷりかけて淡い天体を撮るところです．目では見ることの出来ない，深い宇宙の神秘がデジカメ撮影で目の当たりにできるのです．それが追尾撮影の魅力です．直焦点撮影では，天文台の写真にも迫る星雲・星団撮影に挑んでみましょう．

オリオン座の三ツ星とオリオン大星雲．200mm望遠レンズ使用．

プレアデス星団 M45（すばる）．天体望遠鏡の直焦点撮影．

追尾撮影では赤道儀の極軸を正確に合わせます．

カシオペヤ座・ペルセウス座あたり．24mm広角レンズ使用．

ステップアップ〈デジカメの赤外改造〉

　デジタルカメラの撮像素子の前にはモアレ（干渉縞）を防止するため，ローパスフィルターが取り付けられています．このローパスフィルターには余分な赤外線を除去する赤外カットフィルターも組み込まれていますが，天体撮影で赤く写るはずのHα線もカットしてしまい赤い散光星雲が写りません．そこで，天体撮影用にローパスフィルターを外し，Hα線も透過する赤外カットフィルターに換装する改造を天体望遠鏡ショップなどで行なっています．

キヤノンEOS Kiss X4に内蔵のローパスフィルター．

改造していないノーマルカメラで撮影した，赤い散光星雲 バラ星雲ですがよくわかりません．

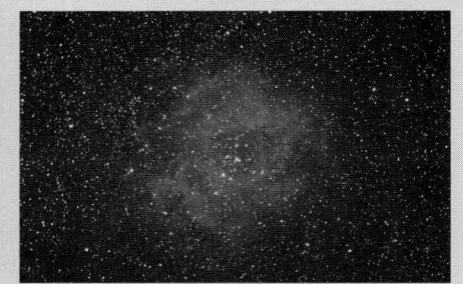

赤外カットフィルター換装改造したカメラで撮影しました．バラ星雲が写っています．

ステップアップ〈画像コンポジット〉

　特に星雲・星団の画像によく用いられる手法に画像コンポジットがあります．惑星のコンポジットと同じように1コマの画像ではコントラストを上げると粗くなってしまうので，複数コマの画像を加算か加算平均どちらかの方法でコンポジットします．そうすることによって滑らかになり，画質の改善ができます．天体画像処理ソフト，ステライメージ（アストロアーツ）を使うとコマごとの位置合わせから自動でできます．

1コマ画像の拡大です．ザラザラ感があります．

3コマをコンポジットしました．画像が滑らかになっています．

デジタルカメラの基礎知識

撮像素子の大きさ

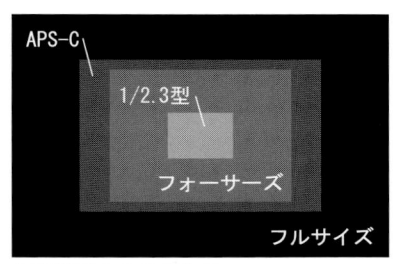

　従来のカメラのフィルムにあたる部分が撮像素子です．CCDやCMOSが使われています．デジタル一眼レフの撮像素子はAPS-Cサイズが一般的です．大きさは約23×15mmでカメラメーカーによって若干の違いがあります．35mmフィルムに相当しフルサイズと呼ばれる撮像素子の大きさは36×24mmです．この大きさに対して，レンズの焦点距離換算をニコンなら1.5倍，キヤノンなら1.6倍としています．例えば，APS-Cサイズのニコンカメラで18mmレンズ使用ならば35mmフィルムカメラ換算で27mmとなります．オリンパスのデジタル一眼レフはフォーサーズ（17.3×13mm）というサイズです．コンパクトデジカメではさらに小さくなり，1/2.3型（約6.2×4.6mm）などさまざまなサイズがあります．

撮像素子の大きさ比較

メモリーカード

　撮影した画像を記録するメモリーカードには，登場初期からの変遷もあり，たくさんの種類が存在しますが，SDメモリーカードを使用するカメラが一般的です．ただし，同じ形と大きさでも最大記憶容量と転送速度によりSDHC，SDXCという仕様もあり，使えないカメラもありますので注意しなければなりません．中級機以上のデジタル一眼レフではコンパクトフラッシュ（CF）カードが使われ，ますますの大容量化，高速度化がなされています．携帯電話に多く使われているのはmicroSDカードです．SDメモリーカードを超小型にしたものです．

左からCFカード，SDメモリーカード，microSDカード．

超高感度

　かつては，長時間露出と高感度が苦手なデジタルカメラの撮像素子でしたが，現在ではどちらの弱点もすっかり改善され優れたものとなりました．特に超高感度化には目を見張るものがあります．まだ画質には難がありますが，デジタル一眼レフの上位機種ではISO感度102400というモデルもあります．いずれ天の川が手持ちで美しく撮影できるような時代が来ることでしょう．

ISO感度12800露出1秒で撮影した天の川．

あとがき

　デジタルカメラの進歩は急速です．エントリーモデルのデジタル一眼レフでは1年，コンパクトデジカメにいたっては半年のペースで新モデルが登場します．高画素化に高感度化そして顔認識にタッチパネルなど，もうやることが無いのではないかと思わせるほどです．しかし，さらなる豊かな階調やハイダイナミックレンジ表現など課題も存在し，これからも進歩を続けていくことでしょう．

　そんな折，本書の原稿を書き終える頃，キヤノンからEOS Kiss X4の後継機EOS Kiss X5発売の発表がありました．EOS Kiss X4からの変更点は液晶モニターがバリアングル式になったことです．本書では設定方法の解説にEOS Kiss X4とともにニコンD5000を掲載しました．そのD5000が採用しているバリアングル式は空を見上げる天体撮影では大変便利で，キヤノンのデジタル一眼レフでは先にEOS 60Dで採用されましたが，エントリーモデルではEOS Kiss X5が初めてのことです．EOS Kiss X5の天体撮影に関連する操作や設定については，バリアングル液晶モニター以外，EOS Kiss X4とほとんど変わりがありません．EOS Kiss X5を天体撮影に使用する場合にも，EOS Kiss X4の解説に準じて行なっていただけます．ニコンD5000も現時点で販売は継続されていますが，ニコンのホームページから削除されています．後継機が登場するのかもしれません．

　このように，本書執筆中にもデジタルカメラは次々と新機能を搭載し変化を続けています．ただ，基本的な天体撮影の方法は，どのようなカメラでも大きな違いはありませんので，新しいカメラを購入されても本書を活用していただけることと思います．

　毎年同じ星座は昇ってきますが，宇宙は変わり続けています．月や惑星の位置変化はもちろんのこと，地上のシチュエーションも常に変化しています．星空との出会いはまさに一期一会．決して戻ることのないこの貴重な瞬間を残していきたいものです．是非，星空撮影を楽しんでください．その一助になれましたら私にとって大きな幸せです．夜の撮影，安全にはくれぐれも気をつけて．

　最後になりましたが，本書を制作するにあたり浅田英夫氏からは多くのご助力をいただきました．そして，愛知県旭高原元気村，安城プラネの仲間たち，岐阜市科学館，京都市花背山の家，多治見市三の倉市民の里地球村，豊川市ジオスペース館，三重県立みえこどもの城などプラネタリウム，公開天文台施設のスタッフの皆様，他たくさんの方々にご協力をいただきました．ここに心からお礼申し上げます．

2011年2月　谷川正夫

＜初版第3刷に寄せて＞

　初版第1刷の発行から3年以上が経過し、その後も各メーカーから続々と新製品が登場しています。キヤノンはEOS Kiss X7、ニコンはD5300などをエントリーモデルの現行品として販売しています。いずれの機種も高感度・高画質化には目をみはるものがあり、ハイエンドモデルも含めると常用最高感度としてISO12800～25600が使用可能な機種も増えてきました。このくらいの超高感度設定ができると、拙著『驚きの星空撮影法』（2014年7月刊）で紹介した「超固定撮影法」が可能になり、三脚とデジタル一眼による固定撮影で、赤道儀を用いたガイド撮影のような美しい星空や明るい星雲星団を写し撮ることができます。この「超固定撮影法」の詳細について興味のある方は、ぜひ『驚きの星空撮影法』をご覧下さい。なお、通常の天体撮影における基本的な操作は、「あとがき」にもあるように、新型カメラであっても大きな違いはなく、新しい機種を購入された場合でも、本書を活用していただけると思います。　　　　　　　　　　　　　　　　　　　　　　　2014年5月　谷川正夫

携帯・デジカメ天体撮影
誰でも写せる星の写真

2011年4月1日　初版第1刷
2014年6月20日　初版第3刷
著　者　谷川正夫
発行者　上條　宰
発行所　株式会社地人書館
　　〒162-0835　東京都新宿区中町15
　　TEL 03-3235-4422
　　FAX 03-3235-8984
　　郵便振替　00160-6-1532

e-mail：chijinshokan@nifty.com
URL：http://www.chijinshokan.co.jp/

印刷所　モリモト印刷
製本所　イマヰ製本

©2011 by M.TANIKAWA
Printed in Japan
ISBN978-4-8052-0833-5　C0044

JCOPY　〈(社)出版者著作権管理機構　委託出版物〉
本書の無断複写は、著作権法上での例外を除き、禁じられています。複写される場合は、そのつど事前に（社）出版者著作権管理機構（TEL 03-3513-6969、FAX 03-3513-6979、e-mail：info@jcopy.or.jp）の許諾を得てください。また、本書を代行業者等の第三者に依頼してスキャンやデジタル化することは、たとえ個人や家庭内での利用であっても一切認められておりません。

地人書館の天文書

星雲星団ベストガイド
―初心者のためのウォッチングブック―
浅田英夫 著／B5判／192頁／本体2800円（税別）
ISBN978-4-8052-0816-8

著者が初心者向けに厳選した80個の星雲星団を見開き各2頁で紹介．カラー頁では選りすぐりの星雲星団ベスト16を収載，また2色頁ではこれ以外の初心者向け星雲星団を収載し，それぞれに美麗な写真と見所の解説，見つけ方を表示したチャートを掲載した．さらに市街地と山間部の星雲星団の見え方の違いを望遠鏡の口径別にイラストで紹介し，従来にない画期的な工夫を盛り込んでいる．

誰でも探せる星座
―1等星からたどる―
浅田英夫 著／A5判／144頁／本体1800円（税別）
ISBN978-4-8052-0840-3

本書は，実際に星空を見上げて星座を見つけるのは初めてというまったくの初心者向けに，やさしい星座の探し方を解説した本である．探し方も，誰でも見つけやすい1等星を持つ星座から，まわりにある星座を見つけていくというユニークな方法をとったことが大きな特徴だ．また，星座の市街地での見え方と山間地での見え方の違いを図示したのも，類書にはない特徴といえる．

誰でも使える天体望遠鏡
―あなたを星空へいざなう―
浅田英夫 著／A5判／144頁／本体1800円（税別）
ISBN978-4-8052-0835-9

本書は初心者向けに天体望遠鏡の選び方と使い方を解説した本である．取り上げる望遠鏡も，主に大手カメラ量販店や望遠鏡ショップなどで入手できる安価な口径8cmクラスの屈折経緯台に限定．特に望遠鏡の選び方に重点を置いて解説し，失敗しない望遠鏡の買い方や，望遠鏡の組み立て方，望遠鏡で気軽に月・惑星や太陽面，明るい星雲星団を観望するための方法を解説する．

驚きの星空撮影法
―デジタル一眼と三脚だけでここまで写る！―
谷川正夫 著／A5判／144頁／本体2300円（税別）
ISBN978-4-8052-0876-2

本書では，赤道儀や星空撮影専用架台などのマニアックな機材を一切使用せず，デジタル一眼と三脚だけを使った超固定撮影法により，美しい星空や明るい星雲星団などを誰にでも簡単に写せる新しいテクニックを紹介する．三脚にデジタル一眼を載せ，星空に向けて短時間露出で多数コマ撮影する手法だ．北極星の見えない南半球をはじめ，世界中どこでも同じ方法で撮ることができる．

●ご注文は全国の書店，あるいは直接小社まで（価格は消費税別）

（株）地人書館
〒162-0835 東京都 新宿区 中町 15番地
TEL 03-3235-4422　FAX 03-3235-8984
e-mail：chijinshokan@nifty.com　URL：http://www.chijinshokan.co.jp/